博碩文化

U0077646

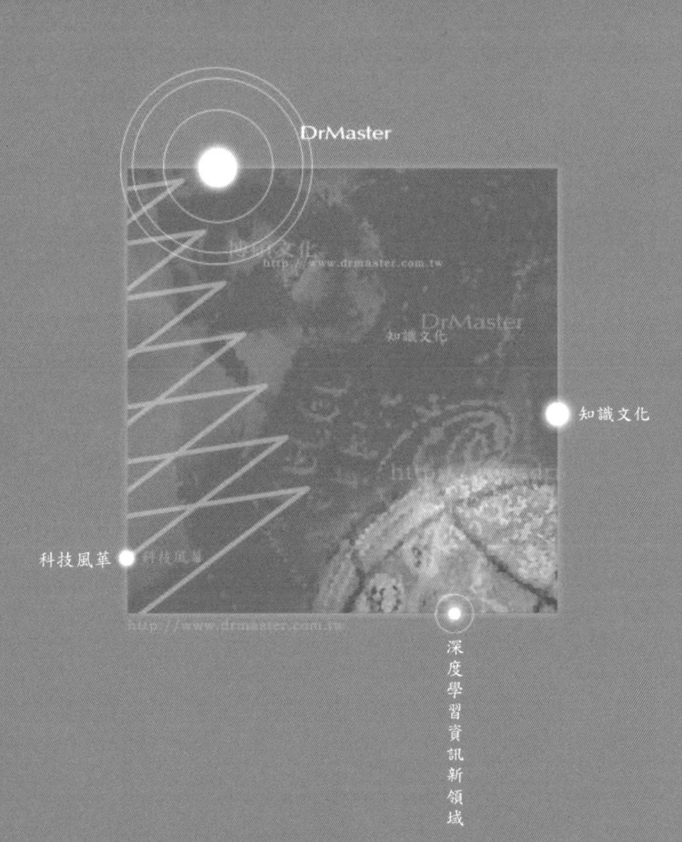
DrMaster
知識文化
科技風華
深度學習資訊新領域

iT邦幫忙 鐵人賽

博碩文化

Towards Tensorflow 2.0
無痛打造AI模型

用 Google Colab 學習 Tensorflow

你是否常因安裝環境（套件）、GPU而放棄學習 AI?
你是否在運行 AI 模型時，時常無法理解含義與參數？
你是否想透過有趣的資料集學習 AI（例如：Airbnb、股價、肺炎）？

過本書，完成您所有的需求！一起使用免費雲端運算資源，打造AI模型！

陳峻廷 —— 著

本書範例程式碼請至博碩官網下載

本書如有破損或裝訂錯誤，請寄回本公司更換

作　　者：陳峻廷
責任編輯：蔡瓊慧

董 事 長：陳來勝
總 編 輯：陳錦輝
出　　版：博碩文化股份有限公司
地　　址：221新北市汐止區新台五路一段112號10樓A棟
電話(02) 2696-2869 傳真(02) 2696-2867

發　　行：博碩文化股份有限公司
郵撥帳號：17484299　戶名：博碩文化股份有限公司
博碩網站：http://www.drmaster.com.tw
讀者服務信箱：dr26962869@gmail.com
訂購服務專線：(02) 2696-2869 分機 238、519
(週一至週五 09:30~12:00；13:30~17:00)
版　　次：2020 年 07月初版一刷
建議零售價：新台幣500 元
I S B N：978-986-434-500-7
律師顧問：鳴權法律事務所 陳曉鳴律師

國家圖書館出版品預行編目(CIP)資料

Towards Tensorflow 2.0：無痛打造 AI 模型
/ 陳峻廷著. -- 初版. -- 新北市：博碩文化, 2020.07
面；　公分. -- (iT 邦幫忙鐵人賽系列書)

ISBN 978-986-434-500-7(平裝)

1. 人工智慧

312.83　　109008668

Printed in Taiwan

博 碩 粉 絲 團

前言

在現今 AI 的浪潮下，透過日新月異的演算法及搜集大量資料，各行各業已開始逐漸轉變，許多舊有的商業模式已不復存在。而如何趕上 AI 的浪潮？最重要的就是學習、理解，而非排斥它。本書將會由淺入深的方式介紹所有概念，讓讀者們能更容易的去學習 AI 核心概念。目前深度學習有許多框架，包括：Tensorflow、Pytorch 等等。其中，Tensorflow 可以說是最容易上手且學習資源最豐富也是最熱門的框架。此外，Tensorflow 也是眾多框架中，最完整的框架（從資料處理、模型訓練、視覺化、服務）。因此，筆者最推薦不管是新手或者想應用深度學習於自有服務，Tensorflow 絕對是第一首選。此外，這次 Tensorflow 的大改版，更是對新手或者 Python 使用者更加友善，預設的 eager execution，讓程式所見即所得，可以快速清楚了解每個資料處理環節產生的結果是否如預期。在書中，每個章節都會從基礎理論講起，並會搭配 Lab 實作（Colab），讓讀者能更了解 AI 專案如何執行。

第一章　Tensorflow 介紹：介紹 Tensorflow 及 Tensorflow2.0 特色與差別，並介紹線上免費雲端運算資源 Colab 及操作方法（例如：資料讀取）。

第二章　Tensorflow 基本語法：介紹 Tensorflow 基本語法及操作，透過此章節，讀者可以熟知 Tensor 的操作，在進行專案時能更清楚操作步驟及其結果。

第三章　TF.Keras api：在 Tensorflow 2.0 裡，Keras 為其主要的高階 API 語法。因此此章節會介紹重要的 TF.Keras 裡面的操作。包含資料處理到模型訓練與驗證。

第四章　Python 資料處理與視覺化實戰：在執行 AI 的專案裡，最重要的其中之一就是了解資料。透過這個章節，您可以快速了解如何進行探索性資料分析及視覺化。不在讓您的模型訓練變成"Garbage in，Garbage out ！"。

第五章　深度神經網路（DNN）：此章節將會從基本的迴歸到深度學習網路的基礎原理並且講解各種在訓練中可能遇到的問題與參數。此外也會從常見的 TF.Keras 到客製化 API 的訓練方法。在實戰的部分除了經典資料集以外，也有 Airbnb 房價預測 Lab 實戰。

第六章　卷積神經網路（CNN）：此章節將會講解卷積神經網路的所有重要概念（包括：卷積、池化等等）。由於大多卷積神經網路用於影像辨識，因此這個章節會有一個簡單的 Lab 用以判斷是否有肺炎。此外經典的卷積神經網路模型均有實戰 Lab（例如：VGG、GoogleNet、ResNet）。

第七章　遞迴神經網路（RNN）：此章節將會講解遞迴神經網路的所有重要概念。由於遞迴神經的特性，此章節會使用股票預測（台灣 50）與情感分類做為實戰（Twitter 資料集）。最後也會有一個小章節講解近期很夯的 BERT 實戰。

第八章　推薦系統：此章節將會講解推薦系統的原理，並解說深度學習網路應用於推薦系統的模型（Deep & Wide），此外也將針對推薦系統的實務應用進行討論說明。

第九章　從 AutoEncoder 到 GAN：此章節將會講 AutoEnocoder 及 Variational Auto-Encoder 到近期最夯的 GAN，由於這類型的模型理解較為困難，將會使用經典資料集並且透過視覺化呈現比較差異。

第十章　強化學習：此章節將會講解強化學習的基本原理，如何透過環境進行學習。與過去的深度學習差異較大。在 Lab 會操作如何學習一個強化學習的模型操作股票並以 TSMC 股價為例。

第十一章　模型調教與服務：此章節會講解常見的模型問題（例如：過度學習）及其解法。此外，會利用 Tensorboard 做模型視覺化。最後如何將訓練好的模型給其他程式介面做介接也會於此章節做描述。

以上為此書的章節總覽，期盼讀者們能各自從中獲得所需資訊。

深度學習發展速度一日千里，每個月都會有新的模型出來，每年重要模型也會有重大突破。若想要不斷追上深度學習的時代，則必須持續閱讀論文及相關資訊，才能趕上世代的浪潮。最後，要感謝張凱棠與林信安大力協助完成此本書。此外也要感謝許多願意幫助我以及給我機會的人。在學生時代，因時常受到社會、業界的幫助，因此本書作者的版稅收益扣除必要成本後，將全數捐給慈善機構。

目錄

01 Tensorflow 介紹

02 Tensorflow 基本語法

03 TF.Keras API

04 Python 資料處理與視覺化實戰

05 深度神經網路（Deep Neural Network）

06 卷積神經網路（Convolutional Neural Network）

07 遞歸神經網路（Recurrent Neural Network）

08 推薦系統（Recommendation System）

09 從 Auto-Encoder 到 GAN

10 增強式學習（Reinforcement Learning）

11 模型調教與模型服務

CHAPTER

01

Tensorflow 介紹

1-1 什麼是 Tensorflow?

由於硬體以及演算法的突破，帶動了深度學習的蓬勃發展，更是使產業發生了典範轉移，例如：影像辨識、語音辨識、自然語言。其中，Tensorflow 為目前深度學習主流的框架之一。Tensorflow 最初為 Google Brain 團隊所開發的深度學習套件。在 2015 時，Google 將之開源，它支援各式不同的深度學習演算法，並已應用於各大企業服務上。例如：Google、Youtube、Airbnb、Paypal…等。此外，Tensorflow 也支援在各式不同的場景下運行深度學習例如：Tensorflow Lite、Tensorflow.js 等等。Tensorflow 為目前最受歡迎的機器學習、深度學習開源專案。不管是 Github 的專案引用次數、論文的使用次數以及熱門程度（如圖 1-1 總和評分排行），均比其他的框架來的多。因此，在 AI 時代下，Tensorflow 是一個值得投資及學習的深度學習框架。

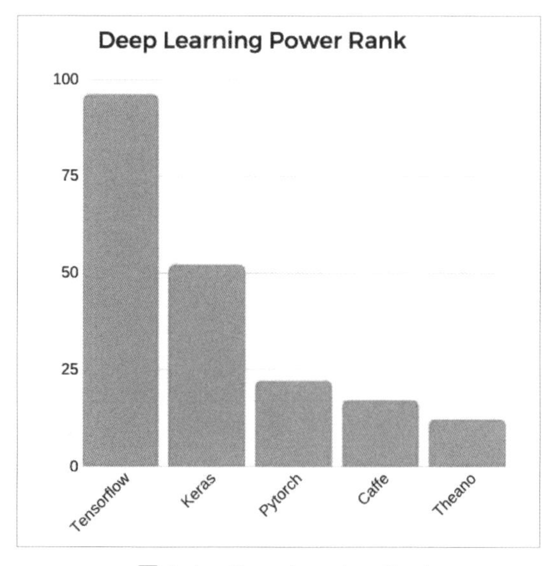

▲ 圖 1-1　Deep learning Ranks

1-2 Tensorflow 2.0

Tensorflow2.X 為有史以來最大的改版，而這次的改動，也讓 Tensorflow 更加易用以及更 Pythonic（更加 Python 化），改掉了許多過去為人所詬病的一些缺點。不管是讓新手以及開發人員，均有更加友善及便利的環境去開發深度學習應用（例如：將 Keras 直接整合成 Tensorflow 高階 API）。此外，在 TF1.X 下，有許多大量相似的 API 散落在不同的地方，而在 TF2.X 下，也將這些 API 進行合併。接下來會提四點，作者認為較為重要的改動，有 Eager Execution、More Pythonic、tf.Keras 以及 tf.Data。

Eager Execution

這是最重要且大眾認為很棒的改動，將 Eager excution 設為 Default Mode。在 Tensorflow Dev 大會，當下全場觀眾可是針對這個改動而鼓掌。這個改動最主要的意義就是：所見即所得，執行程式可立即得到運算結果。在過去 TF 1.X 的版本下，Tensorflow 的程式必須預先定義好流程與 Graph，才會放到 sess.run 裡面執行程式，並能得到結果（Static Graph）。在 TF2.0 的版本中就不需要預先定義，可以直接使用動態圖（Dynamic Graph），直接輸出結果。對於一般在使用 Jupyter-Notebook 的資料科學家，在於操作 TF2.0 會更加的直觀。如圖 1-2 所示，從一個簡單的相加算法中，就可看出 TF1 跟 TF2 的差別。

TF 1.X

```
[1] import tensorflow as tf

[2] tf.__version__

'1.15.0'

[3] a = tf.constant(6)
    b = tf.constant(6)
    c = tf.add(a,b)

    print(c)

Tensor("Add:0", shape=(), dtype=int32)
```

TF 2.X

```
[2] import tensorflow as tf

[3] tf.__version__

'2.1.0'

[4] a = tf.constant(6)
    b = tf.constant(6)
    c = tf.add(a,b)

    print(c)

tf.Tensor(12, shape=(), dtype=int32)
```

▲ 圖 1-2　TF1 與 TF2 語法比較

More Pythonic

過去 TF1.X 下，最被詬病的是編寫 Tensorflow 的時候，感覺是在寫另外一種程式語言，和寫 Python 有點差異，像是要跑迴圈，就需要使用 `tf.while_loop`，讓人在學習以及使用上較不直觀。因此在 TF2.X 下，想要使用 Python 語法且加快速度，就可以使用 tf.function decorator（Dynamic graph to Static graph）編譯成 Graph，在 GPU 或者 TPU 上執行速度也會更快速。

```
@tf.function
def simple_nn_layer(x,y):
  return tf.nn.relu(tf.matmul(x,y))

x = tf.random.uniform((2,2))
y = tf.random.uniform((2,2))

simple_nn_layer(x,y)

<tf.Tensor: shape=(2, 2), dtype=float32, numpy=
array([[0.60632664, 0.31787026],
       [0.20920603, 0.1755932 ]], dtype=float32)>
```

▲ 圖 1-3　tf.function decorator

tf.Keras

在 TF2.X 後，Tensorflow 的主要高階 API 皆會直接支援 Keras，並將 `tf.contrib` 的高階 API 也整合到 tf.Keras。在建立模型時將有更好的相容性。而這樣的好處主要有：

1. 容易上手：

   一般來說，各大網站或者部落格上的 DL 101 都是從 Keras 教起。而 TF 2.0 將 Keras 整合進來後，提供使用者簡單易學的環境，對初學者與想要快速實現深度學習模型都是一個最佳選擇。

2. 模組化：

   例如使用 tf.Keras 建立模型時，可以快速的抽換每一層模型或者增加模型的層數，如圖 1-4 可以看出，每一層都是可以快速抽換並更換其中的參數。

```
[ ] model = tf.keras.Sequential([
        tf.keras.layers.Dense(256,activation=tf.nn.relu),
        tf.keras.layers.Dense(128,activation=tf.nn.relu),
        tf.keras.layers.Dense(64,activation=tf.nn.relu),
        tf.keras.layers.Dense(32,activation=tf.nn.relu),
        tf.keras.layers.Dense(16,activation=tf.nn.relu),
        tf.keras.layers.Dense(1,activation=tf.nn.relu)
    ])
```

▲ 圖 1-4 tf.keras

tf.Data

過去在 Tensorflow 裡面有需多不一樣的資料格式（例如：TFRecord）。而在 TF2.X 裡，官方建議使用 `tf.Data` 的 API 來導入資料。在建立資料的 ETL（Extract、Transform、Load）以及資料流（Data Pipeline）更加快速與方便，如圖 1-5。

```
[ ]  data = tf.data.Dataset.from_tensor_slices((x,y))
     data = data.map(feature_scale).shuffle(10000).batch(128)

     data_test = tf.data.Dataset.from_tensor_slices((x_test,y_test))
     data_test = data_test.map(feature_scale).shuffle(10000).batch(128)
```

▲ 圖 1-5　tf.Data

綜合上述幾點，TF2.X 的改動著實讓人非常振奮，不僅讓開發者能大幅增加開發效率，更是降低了深度學習的門檻，讓大家能更容易透過 Tensorflow 來部署自己的應用，更能專注於將深度學習導入自身的領域。

1-3 線上免費開發測試環境

過去在每一本書第一章，都在教您如何安裝相關環境。就算寫的再仔細，都還是有可能安裝失敗，導致不想再繼續閱讀或者學習。又或者是，當你只是想要簡單且快速的測試一個模型，如何找一個快速又免洗的環境且有免費的 GPU 環境。而目前主流雲端上的免費開發測試環境有兩個，均為以 Jupyter-Notebook 為基礎的互動式操作 - Colab 以及 Kaggle[1]，兩個均為 Google 旗下的服務。因此接下來會簡單的比較一下 Colab 及 Kaggle 環境。針對提供免費的硬體部分，Colab 跟 Kaggle 均有 GPU 以及 TPU（2020 ／ 2 開始支援）的支援，而網路上有許多標竿資料集（Benchmark）的測試以及環境測試，均指出 Kaggle 的運算資源是優於 Colab 的，但在單次可使用最長時數，Colab 是大於 Kaggle 的。

此外，使用 Kaggle 的服務也有大量的 Kaggle 競賽所釋出的資料可以操作及練習。但針對若要學習 Tensorflow 的話，Colab 仍為首選，因為多數的 Tensorflow 學習資源範例均為 Colab 所撰寫。此外，Colab 對於 Github 的結合是優於 Kaggle。因此，對於初學者或者在學習 Tensorflow 的捧油們，Colab 絕對是你首選。本書所有的範例程式均會使用此服務來做示範，讓大家在操作上更不受環境所影響，之後讀者也可以嘗試到 Kaggle 提供的環境下做操作及練習。

1 Kaggle 為資料科學家的競技場以及練功的好地方。許多大型企業會在 Kaggle 上舉辦資料挑戰賽。透過高額的獎金來吸引世界頂尖的好手來協助企業解決實務問題。除了比賽外，許多資料科學家也會釋出他們的程式（Kernel），互相切磋討論。是一個含金量非常高的學習平台。

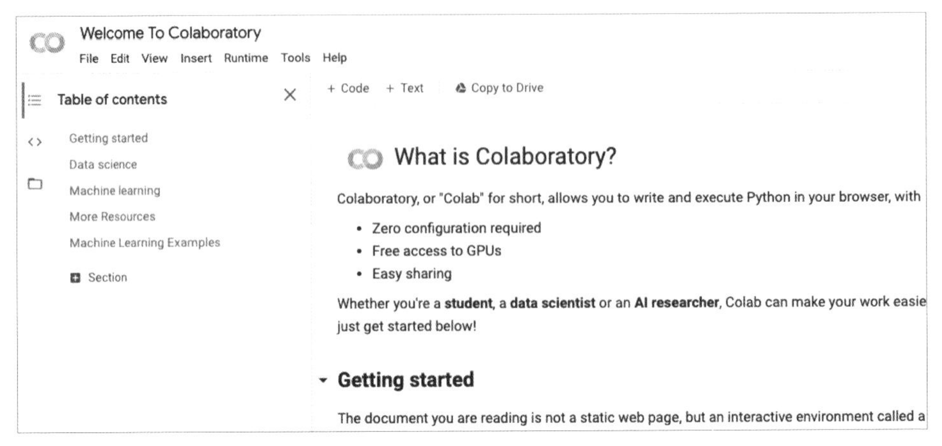

▲ 圖 1-6　Colab 環境頁面

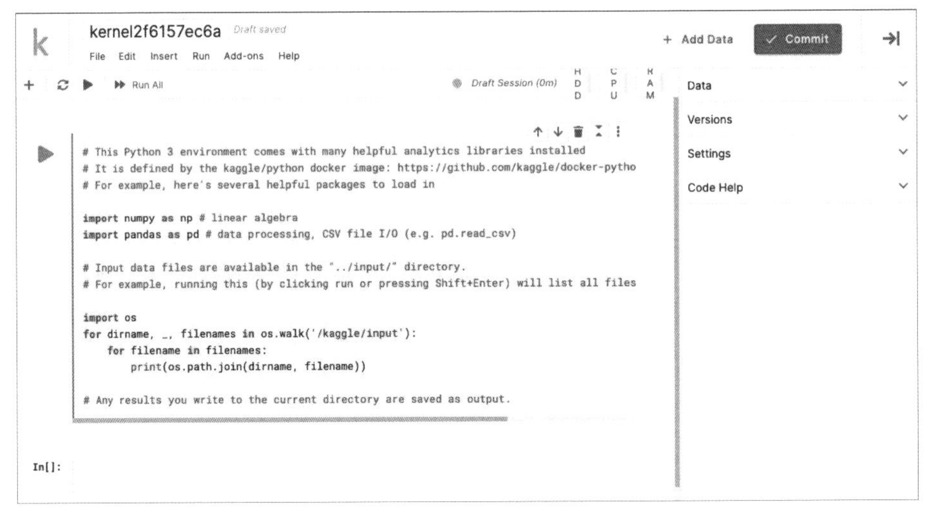

▲ 圖 1-7　Kaggle 操作畫面

1-3-1 開始使用 Colab

首先可以先在 Google drive 上建立資料夾，並建立 Colab 專案。

▲ 圖 1-8　建立 Colab 專案

接下來可以點選〔Change runtime type〕來選擇 Python 版本以及是否要使用 GPU 以及 TPU 來加速，如圖 1-9。

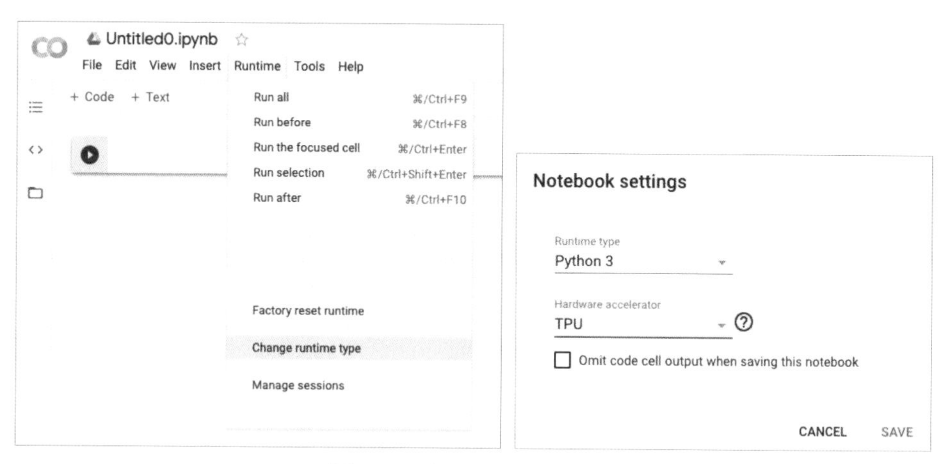

▲ 圖 1-9　Change runtime type

接下來就可以享受使用雲端的 Python 來做一下測試開發了，是不是非常的輕鬆容易，省略了許多安裝流程。（小技巧：在 Setting 的 site 裡面，可以將開發環境變成深色版本的）

1-3-2 從雲端硬碟讀取資料至 Colab

如果我們有一些自有的資料，想要放到 Colab 上測試一些模型，除了直接下 wget 下載線上資料集，我該如何讀取一些我自有的資料集呢？最簡單的方法就是直接上傳到 Colab 的空間目錄，這樣如何執行呢？可以直接看圖 1-10，透過簡單的代碼即可上傳資料，並以上傳一個 iris.data 為例。

```
[1] from google.colab import files
    uploaded = files.upload()

    選擇檔案  iris.data
    • iris.data(n/a) - 4551 bytes, last modified: 2020/2/22 - 100% done
    Saving iris.data to iris (1).data

[2] !head iris.data

    5.1,3.5,1.4,0.2,Iris-setosa
    4.9,3.0,1.4,0.2,Iris-setosa
    4.7,3.2,1.3,0.2,Iris-setosa
    4.6,3.1,1.5,0.2,Iris-setosa
    5.0,3.6,1.4,0.2,Iris-setosa
    5.4,3.9,1.7,0.4,Iris-setosa
    4.6,3.4,1.4,0.3,Iris-setosa
    5.0,3.4,1.5,0.2,Iris-setosa
    4.4,2.9,1.4,0.2,Iris-setosa
    4.9,3.1,1.5,0.1,Iris-setosa
```

▲ 圖 1-10　上傳小批資料

若今天您有較大量的資料，或者許多碎小的檔案，對於批次上傳會需要浪費許多時間，這時該如何上傳資料呢？一個很簡單的方法就是將雲端硬碟掛載上去。而掛載的方法有兩種，一種是最簡單的透過左邊列表上的按鈕去掛載硬碟，一種是利用程式去指定掛載的路徑，而兩種方法都要透過 Google 帳戶來授權。

透過程式的話則是使用下列語法（圖 1-11）來掛載 Google Drive 上去。

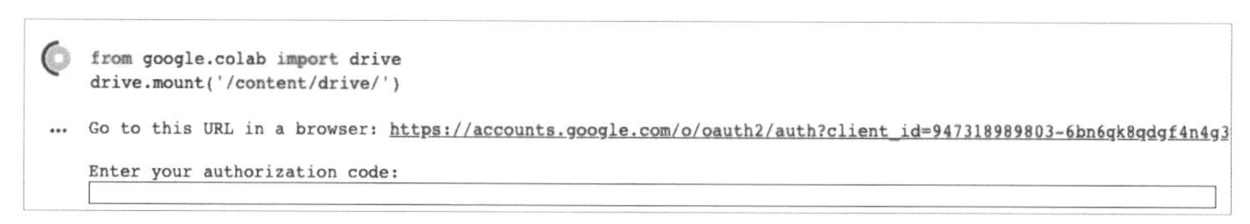

▲ 圖 1-11　Mount Google Drive

接下來就會需要登入 Google 帳戶並給予授權碼。

▲ 圖 1-12　給予 Colab 權限

最後可以直接在 Colab 上下指令來觀察是否有成功掛載

```
[2] !ls /content/drive/'My Drive'

    01_01_GPU123_TensorFlow_0306_2019.pdf
```

▲ 圖 1-13　成功掛載

而另外一個較為簡易的方法就是透過左側的按鈕來掛載 Google Drive。這部分的操作仍然會需要 Google 帳戶授權。

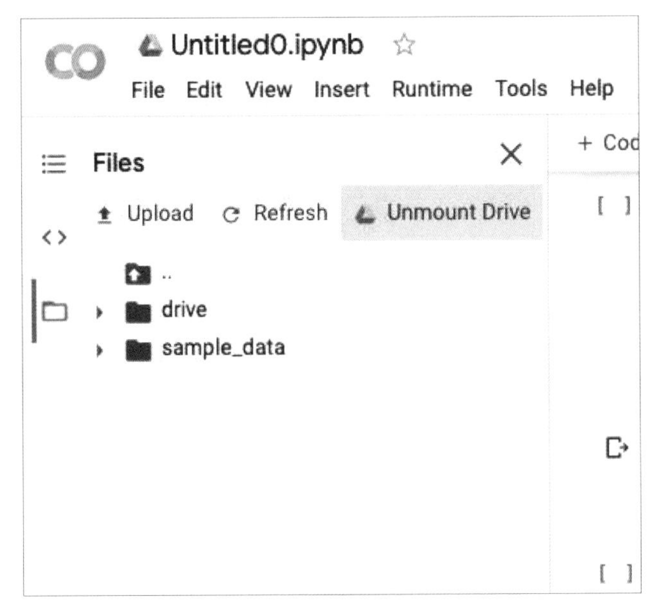

▲ 圖 1-14　透過按鍵加入 Google Drive

以上為如何在 Google Drive 上的資料導入 Colab 的操作步驟。操作的步驟非常簡單，Google 已經服務整合的很好，因此若您有一些放在 Google Drive 裡的資料可以透過上述方法來導入資料至 Colab。

1-3-3 讀取 Kaggle 上的資料集至 Colab

身為一個專業的資料科學家或者 AI 工程師，一定會很常透過 Kaggle 的 Kernel 來學習或者觀摩，若今天您想透過 Colab 來串接 Kaggle 的資料，那該怎麼做呢？主要的話我們會透過 Kaggle 所提供的 API 來串接所需的 Kaggle 資料。

首先，我們先需要去 Kaggle 官網來取得 API 授權的 json。可以點選 My account 進去，並點選 Create New API Token。這樣就可以將 Token 所下載下來。（一般來說，名稱會是 Kaggole.json）

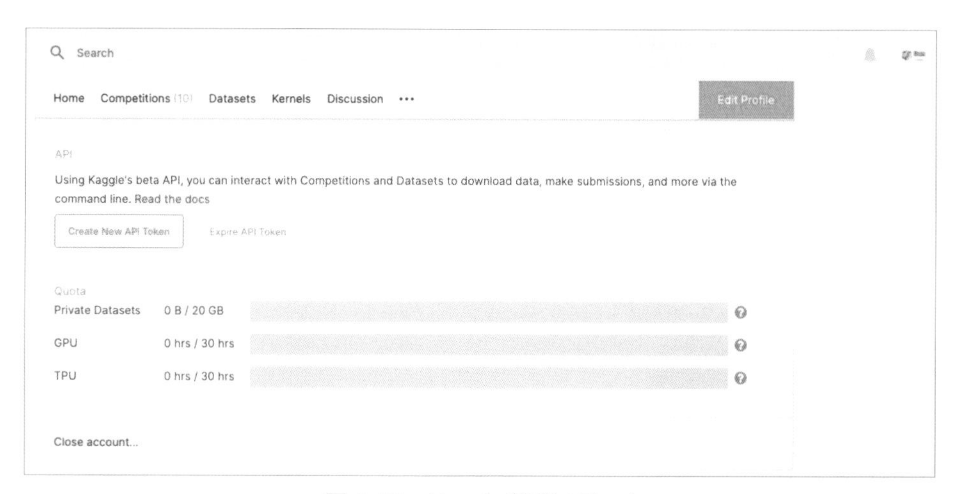

▲ 圖 1.15　Kaggle 新增 API token

接下來，我們可以開啟 Colab 畫面，安裝 Kaggle 的 API 套件以及把 token 上傳至 Colab 雲端環境。

```
[1] !pip install -q kaggle==1.5.6

[2] from google.colab import files

    files.upload()

    選擇檔案
    • kaggle.json(application/json) - 65 bytes, last modified: 2020/2/22 - 100% done
    Saving kaggle.json to kaggle (2).json
    {'kaggle.json': b'{"username":"danjtchen","key":"f261c89bb65b6d6f826a2b37218bb407"}'}
```

▲ 圖 1.16　安裝 Kaggle 套件以及上傳 token

上傳 token 後，可以建立一個資料夾並把 token 放進去，並給予權限。這樣就大功告成，可以開始下 Kaggle API 的指令，像是直接針對特定比賽的名稱去下載資料集。以下圖為例，可以下指令去列出所有可以下載的資料集，並看時間、大小、下載次數等等資訊如圖 1-17。

```
[6] ! mkdir ~/.kaggle
    ! mv kaggle.json ~/.kaggle/

[7] ! chmod 600 ~/.kaggle/kaggle.json

[8] !kaggle datasets list --min-size 10

    ref                                                          title                                                size
    -----------------------------------------------------------  ---------------------------------------------------  -----
    mistag/arthropod-taxonomy-orders-object-detection-dataset    Arthropod Taxonomy Orders Object Detection Dataset    10GB
    jessemostipak/hotel-booking-demand                           Hotel booking demand                                   1MB
    brandenciranni/democratic-debate-transcripts-2020            Democratic Debate Transcripts 2020                   483KB
    chaibapat/slogan-dataset                                     Slogan Dataset                                        18KB
    tunguz/big-five-personality-test                             Big Five Personality Test                            159MB
    jamzing/sars-coronavirus-accession                           SARS CORONAVIRUS ACCESSION                             2MB
    kenshoresearch/kensho-derived-wikimedia-data                 Kensho Derived Wikimedia Dataset                       8GB
    arindam235/startup-investments-crunchbase                    StartUp Investments (Crunchbase)                       3MB
    sovitrath/diabetic-retinopathy-224x224-gaussian-filtered     Diabetic Retinopathy 224x224 Gaussian Filtered       427MB
    sohier/30-years-of-european-solar-generation                 30 Years of European Solar Generation                147MB
    datasnaek/youtube-new                                        Trending YouTube Video Statistics                    201MB
    zynicide/wine-reviews                                        Wine Reviews                                          51MB
    rtatman/188-million-us-wildfires                             1.88 Million US Wildfires                            168MB
    google/tinyquickdraw                                         QuickDraw Sketches                                    11GB
    residentmario/ramen-ratings                                  Ramen Ratings                                         40KB
    datasnaek/chess                                              Chess Game Dataset (Lichess)                           3MB
    dgomonov/new-york-city-airbnb-open-data                      New York City Airbnb Open Data                         2MB
    nolanbconaway/pitchfork-data                                 18,393 Pitchfork Reviews                              33MB
    nasa/kepler-exoplanet-search-results                         Kepler Exoplanet Search Results                        1MB
    residentmario/things-on-reddit                               Things on Reddit                                      16MB
```

▲ 圖 1-17　操作 Kaggle api

1-4 總結

在這個快速變化的年代，如何快速的開發以及測試 AI 模型，成為大家所關注的重要議題之一。而 Tensorflow 這次的改版，針對開發的方便性更加提高，可以更快速的測試各式模型並部署。此外，在 Tensorflow 社群裡還有 TensorHub。TensorHub 裡面有許多預訓練（Pre-train）的模型，例如：BERT、ELMO 等等，利用這些開源模型來做遷移學習（Transfer Learning）或者使用各式不同的模型。這個服務讓大家在應用 AI 模型上更加方便容易。因此，Tensorflow 真的是一個可以拿來運用於商業實務應用的深度學習框架。

CHAPTER

02

Tensorflow 基本語法

這個章節會專注於討論對 Tensor 的基本操作以及常見的資料處理手法，實作上會透過 Colab 來操作一些 Tensorflow 的基本語法，並使用的是 Tensorflow 2.1 的版本來操作。Tensorflow 的基本語法非常容易簡單上手。若您有學過 Python 或者其他等高階語言，相信在操作上都可以非常快速上手。若您為學過 Python 或者 Tensorflow 建議您可以開啟 Colab，一步一步的跟著書中做，相信您會有相當大的收穫！不囉唆，我們開始介紹基本語法。

首先，大家第一個疑問一定是，什麼是 Tensor ？ Tensor 在數學裡主要講的就是「向量」，例如：點、線、面等等，簡單來說就是一個 N 維度的矩陣。而主要 Tensorflow 支援的資料格式就是一般我們所耳熟能詳的資料格式。包含：int、float、double、string、bool。所以第一個 Tensorflow 101，我們要建立一個 tensor，可以透過下 `tf.constant` 來建立各式各樣的資料格式，如圖 2-1 操作所示：

```
[2] import tensorflow as tf
    tf.__version__

    '2.1.0'

[3] tf.constant(6)

    <tf.Tensor: shape=(), dtype=int32, numpy=6>

[4] tf.constant(6.)

    <tf.Tensor: shape=(), dtype=float32, numpy=6.0>

[5] tf.constant([True,False])

    <tf.Tensor: shape=(2,), dtype=bool, numpy=array([ True, False])>

[6] tf.constant('I love tf2!!!')

    <tf.Tensor: shape=(), dtype=string, numpy=b'I love tf2!!!'>
```

▲ 圖 2-1　創造變數

2-1 變數類型

針對 Tensorflow 的數據操作，我們從最基本的變數類型開始探討，Tensorflow 的變數類型主要有三種，tf.constant、tf.Variable 以及 tf.placeholder。接下來會一一說明三類。

tf.constant

顧名思義，他就是一個 constant 的類別，你可以放入各式的資料型態，做一些基礎運算，例如：`tf.add`。使用時機像是有時候我們會放 accuracy 或者一些運算完的模型資訊等等。因此，在創建一些 `tf.constant` 的可以簡單的用上面語法或者是你假如有一個 numpy array 也可以直接使用 `tf.convert_to_tensor`。

```
a = tf.constant([1,2,3])
a = np.array([1,2,3])
b = tf.convert_to_tensor(a)
```

```
[9]  #Create tf.constant
     a = tf.constant([1,2,3])
     #Convert np arry to tf
     a = np.array([1,2,3])
     b = tf.convert_to_tensor(a)

[11] b

     <tf.Tensor: shape=(3,), dtype=int64, numpy=array([1, 2, 3])>
```

▲ 圖 2-2　tf.constant 範例

tf.Variable

簡單來說，tf.variable 就是放置可學習的變數或者說將可求導的變數，例如：神經網路的權重（Wieght）或者偏差（Bias）。因此，在 tf.variable 中會紀錄他是可學習（Learnable）或者在自動求導（Autograph）中可被求導變數，後面章節會有簡單實作一個神經網路並更清楚說明它的用途。

```
a = tf.ones(6)
b = tf.Variables(a,names = 'Data_point')
```

```
[13] #Create tf.Variable
     a = tf.ones(6)
     b = tf.Variable(a,name='Data_point')
     b

<tf.Variable 'Data_point:0' shape=(6,) dtype=float32, numpy=array([1., 1., 1., 1., 1., 1.], dtype=float32)>

[14] b.trainable #check weather trainable

True
```

▲ 圖 2-3　tf.Variable 範例

tf.placeholder

主要是 TF 在計算 Gaph 的方法。在使用時，我們是不會先給定一個初始值，而是先給定長度或者資料格式來預先佔有空間。簡單來說就是，和 Variable 或者 constant 不一樣的是，不需給定初始值。但必須預先定義好資料類型與長寬深度。主要使用為在訓練模型，我們會放 x 與 y 的資料。在看 TF1.X 的程式會很常看到這個變數，因為在 TF1.X 下，在建立 Graph 的時候，有時需要這樣的資料特性。而在 TF2.X 中，由於預設模式轉變為 eager execution，已經不使用這個變數來預留空間，蠻多都改成使用 `tf.data` 的 API 在導資料。

2-2 建立數據

在手刻 AI 模型或者我們想要儲存一些自己所想要觀察的參數，一開始最常遇到就是建立矩陣（Matrix）。首先，從最簡單建立一個都是 0 的資料，在實務上，可能會存取像是權重（Weigh）、偏差（Bias）等參數資料。在 TF 裡，我們可以用 3 種語法來建立。第一種，可以直接使用 tf.zeros 來建立，並輸入您所需求的大小。第二種為使用 tf.zeros_like 可以直接複製相同大小並為 0 的變數。第三種也是最實用的 tf.fill，透過這個 API，可以直接指定大小以及指定所想要的數值。因此，不一定像前兩個 API 一樣只能建立 0 的變數。

```
a = tf.zeros([6,6])
b = tf.zeros_like(a)
c = tf.fill([6,6],0)
```

```
[4] #Create 0 matrix
    a = tf.zeros([6,6])
    #or
    b = tf.zeros_like(a)
    #or fill -> shape and fill nums
    c = tf.fill([6,6],0)

[5] c

    <tf.Tensor: shape=(6, 6), dtype=int32, numpy=
    array([[0, 0, 0, 0, 0, 0],
           [0, 0, 0, 0, 0, 0],
           [0, 0, 0, 0, 0, 0],
           [0, 0, 0, 0, 0, 0],
           [0, 0, 0, 0, 0, 0],
           [0, 0, 0, 0, 0, 0]], dtype=int32)>
```

▲ 圖 2-4　建立 matrix

除了建立一個以 0 為基底的變數，接下來更進階一點的是來建立一個隨機矩陣，也就是說，這個矩陣裡面的數值是以指定的方法隨機產生。這樣的使用場景常用於初始化深度學習網路中的權重或者誤差。若沒有使用隨機產生。會產生一個齊一性的矩陣，會讓您所學出來的權重都是一樣，網路會變成純粹的線性。因此，權重均必須隨機產生。此時我們可以使用下面各式不同的統計分類來建立，而下列皆為常用的隨機方法（例如：tf.random.normal 就是隨機產生一批資料並產符合常態分配）

- Normal distribution：常態分配（高斯分配）。
- truncated normal distribution：截斷常態分配，可以設定上限值或下限值，目前 TF2.X 是設定若超出兩標準差則重新隨機。
- random_uniform：隨機均勻分配。

```
#Example random by normal distribution
a = tf.random.normal([6,6],mean=0,stddev=1)
#random by truncated normal distribution
b = tf.random.truncated_normal([6,6],mean=0,stddev=1)
#random by uniform
c = tf.random.uniform([6,6],minval=0,maxval=1)
```

```
[6] #Example random by normal distribution
    a = tf.random.normal([6,6],mean=0,stddev=1)
    #random by truncated normal distribution
    b = tf.random.truncated_normal([6,6],mean=0,stddev=1)
    #random by uniform
    c = tf.random.uniform([6,6],minval=0,maxval=1)

[7] a

    <tf.Tensor: shape=(6, 6), dtype=float32, numpy=
    array([[-2.0554206 , -0.68715674, -0.6660159 ,  0.4608906 , -0.59954846,
            -1.3859316 ],
           [ 1.1868789 ,  0.10821541,  1.433384  ,  0.19884236,  1.3418416 ,
             0.14254938],
           [ 0.28257573, -0.77330315,  0.50997156,  0.37418145, -1.6659133 ,
            -1.6001117 ],
           [-1.7296458 , -0.59285945,  1.1159678 ,  1.5475363 ,  0.24567772,
            -0.9772966 ],
           [-0.99658847, -0.01011804,  0.16081925,  0.37537333,  1.320873  ,
            -0.6831683 ],
           [ 0.7296021 ,  0.19879743,  1.5702239 ,  0.8898766 , -0.95641595,
            -0.5656871 ]], dtype=float32)>
```

▲ 圖 2-5　隨機建立矩陣

2-3 數據操作

實作完了建立數據，接下來就是操作數據，或者整理數據達到所需求之格式。而最基本的就是時常，我們需要大致檢查資料的樣態。尤其是當我們想檢查特定層的權重結果是否正常（例如：不小心發生意外產生全為 0 的梯度）或者是當訓練後，想要確認某一層的權重形狀是否有如我們預期。可以使用兩種語法，一種是類似用 python 原本 slice 的方式選取。

```
#Example for select instance
a = tf.ones([1,5,5,3])
a[0][0].shape
#Output shape:TensorShape([5, 3])
a[...,2].shape
#Output shape:TensorShape([1, 5, 5])
```

一種是使用 tensorflow 的 API 操作索引（index）

```
#use index select
tf.gather_nd(a,[0]).shape
#Output shape: TensorShape([5, 5, 3])
#select axis=1 , row 2 and 3
tf.gather(a,axis=1,indices=[2,3]).shape
#Output shape: TensorShape([1, 2, 5, 3])
```

當你想要將資料中的欄位對調，例如，〔6，32，32，3〕>〔6，32，3，32〕，就可以使用 transpose 來對調，主要是透過 perm 這個參數來控制。舉例來說：有時候我們會將〔b，h，w，3〕>〔b，3，h，w〕(Pytorch 格式)，就可以使用 tf.transpose 來轉。

```
tf.transpose(a,perm=[0,1,3,2]).shape
#Output:TensorShape([6, 32, 3, 32])
```

當如果您想到增加一個維度，例如原本你有一個〔32，32，3〕的圖，但您想新增新的一維度來記錄資料量，或者加上批次量的維度。就可以使用 tf.expamd_dims 來新增。其中，可以透過 axis 來控制要添加在第幾個欄位。

```
a = tf.random.normal([32,32,3])
tf.expand_dims(a,axis=0).shape
#Output:TensorShape([1,32,32,3])
```

接下來，我們來討論兩個資料的操作，假如我今天有兩個資料，一個是昨天一個是今天的資料，資料格式都想同，我該如何合併？答案是以 row wise 的方式合併在一起，例如，(#row，#cols) A〔6，12〕＋ B〔6，12〕＝〔12，12〕。此時，可以使用 tf.concat 來合併資料。

```
a = tf.ones([6,32,3])
b = tf.ones([6,32,3])
tf.concat([a,b],axis=0).shape
#Output:TensorShape([12, 32, 3])
```

此外，可以透過 axis 來調控你要合併以哪一個 axis 為標準

```
a = tf.ones([6,32,3])
b = tf.ones([6,32,3])
tf.concat([a,b],axis=1).shape
#Output:TensorShape([6, 64, 3])
```

在另一個情境下，假如今天有兩個資料，一個是世界各地的氣溫，另一個是雨量，我該如何合併這樣的資料？答案是以 column wise 的方式合併在一起，類似新增一個 column，例如，(#row，#cols) A〔6，12〕＋ B〔6，12〕＝〔2，6，12〕。此時，可以使用 tf.stack 來合併資料。

```
a = tf.ones([6,32,3])
b = tf.ones([6,32,3])
tf.stack([a,b],axis=0).shape
#Output:TensorShape([2,6, 64, 3])
```

而前面敘述的都是類似合併成一份新的資料。反向來看，若想要分割資料的話，這邊會比較 unstack 跟 split 的用法。unstack 與 stack 正好相反，也就是拿掉 Column。

```
a = tf.ones([2,32,3])
aa,ab= tf.unstack(a,axis=0)
aa.shape
#Output:TensorShape([32, 3])
data_all = tf.unstack(a,axis=1)
data_all[0].shape
#Output:TensorShape([2, 3])
len(data_all)
#Output:32
```

split 的話就會比較直觀，就是直接針對指定 Column 然後切幾分這樣。

```
data_all = tf.split(a,axis=1,num_or_size_splits=2)
data_all[0].shape
#Output:TensorShape([2, 16, 3])
len(data_all)
#Output:2
```

在選取完資料後，很常會遇到要將資料重塑（reshape）。以最常見的例子來說，以一個影像辨識的專案，資料格式會擺成〔batch，height（row），width（columns）,channel〕。例如，〔128，64，64，1〕。首先，可能想資料轉換樣式，把圖像像素壓平利用一個簡易的神經網路做個分類器。例如，image〔b，h，w，3〕轉成〔b，像素（h X w），3〕。類似將一個 2 維度的 Matrix 轉成一個 1 維度的序列。（小技巧：若維度不太會算，想要自動產生的話，可以使用 -1 來代表）

```
#Create samples
a = tf.random.normal([6,32,32,3])
#Reshape to different type
tf.reshape(a,[6,32*32,3]).shape
#Output:TensorShape([6, 1024, 3])
tf.reshape(a,[6,-1,3]).shape
#Output:TensorShape([6, 1024, 3])
```

Broadcast 的 function 是當兩個 Tensor 大小不一致時，展延維度進行運算。而實際上，儲存或者 variable size 都是沒有變化，不會去複製資料。因此，在儲存效率上，是有較好的。簡單的案例就像是我們在做線性迴歸（Linear regression）的時候，在 X ＊ W ＋ b 的時候，通常 b 會以 broadcast 的方式來執行（後面章節實作線性迴歸）。

- 概念：當 a 和 b 維度不一致時（a ＝ [4，32，32，3]，b ＝ [3]），做 broadcast 的時候，會先向右靠齊然後增加維度相加（b 會 broadcast → [3] → [1，1，1，3] → [4，32，32，3] 和 a 做運算），也就是說他會擴張成相同的大小。（註：broadcast 的時候，要對齊最右邊的那個維度，若非 1，則必須相等）

- 應用情境：今天公司有 4 個部們，40 個員工，以及他們每個月的薪資，因為今天公司發大財，想要幫所有員工加薪，因此我們可能會組成一個矩陣 A ＝ [4，40，12]，現在我們有另外一個每個月調薪的矩陣 B ＝ [40，1]。這時候就可以用 broadcast 將所有人一次加薪，假如今天公司想要針對每個月加不一致的薪水，矩陣 B ＝ [12]。

```
x = tf.random.normal([4,40,12])
(x + tf.random.normal([40,1])).shape
#Output:TensorShape([4, 40, 12])
```

（註 1：因為 broadcast 是一種內建的優化方式，TF 會自斷判斷是否可以 broadcast，不用特別寫 broadcast）

（註 2：假如你想 broadcast 且 b 的維度變成 broadcast 後的相同維度，可以參考 `tf.broadcast_to` 以及 `tf.tile`）

在資料處理方面，有時候我們會需要透過 sort API 來排序特徵並針對排序後的資料來畫圖或者來檢驗您對資料的假設。又或者在預測時，把預測不好的後 100 筆資料拿出來驗證模型模型問題。這邊會介紹兩種方法，一種是純粹的 sort，一種是 sort 後輸出是索引，你就可以拿索引來針對特定特徵畫圖。

```
#Example for sort
data = tf.random.normal([10],mean=0,stddev=1)
tf.sort(data,direction='DESCENDING')
#or
tf.gather(data,tf.argsort(data,direction='ASCENDING'))
```

```
[4] #Example for sort
    data = tf.random.normal([10],mean=0,stddev=1)
    tf.sort(data,direction='DESCENDING')
    #or
    tf.gather(data,tf.argsort(data,direction='ASCENDING'))

    <tf.Tensor: shape=(10,), dtype=float32, numpy=
    array([-1.3271369 , -1.3263288 , -1.2590191 , -0.8685013 , -0.6290835 ,
           -0.02795431,  0.05674899,  0.09421352,  0.22724706,  0.68573177],
          dtype=float32)>
```

▲ 圖 2-6　排序資料

更簡單一點的話，你純粹只想拿 top k 個就可以使用 `tf.math.top_k`，他會同時回傳數字以及索引

```
#Example top_k
top_data = tf.math.top_k(data,k=5)
#Get indies or values
top_data.indices
#or
top_data.values
```

在做影像辨識的時候，有時候我們會做 padding，而 padding 的作用是什麼呢？ 1、針對差異圖片的大小做補齊，可以透過 padding 補齊。2、有時候我們希望增加邊界訊息量，一般來說，沒做 padding 邊界只會被掃到一次，若做 padding 可以增加被掃到的次數，這邊簡單的說明 padding 及範例，之後講卷積神經網路的時候會更詳細說明。

```
data = tf.random.normal([3,3],mean=0,stddev=1)
tf.pad(data,[[1,1],[1,1]])
```

```
[14] data = tf.random.normal([3,3],mean=0,stddev=1)
     tf.pad(data,[[1,1],[1,1]])

     <tf.Tensor: shape=(5, 5), dtype=float32, numpy=
     array([[ 0.        ,  0.        ,  0.        ,  0.        ,  0.        ],
            [ 0.        ,  0.6283854 ,  0.8525678 ,  1.0302339 ,  0.        ],
            [ 0.        ,  2.9868345 , -1.0672239 , -0.3830159 ,  0.        ],
            [ 0.        , -0.4490438 ,  0.34448802, -1.1033189 ,  0.        ],
            [ 0.        ,  0.        ,  0.        ,  0.        ,  0.        ]],
           dtype=float32)>
```

▲ 圖 2-7　Padding 資料

在運行模型時，有時候我們在做深度學習在計算梯度的時候，當層數太深，有時候會遇到梯度爆炸（gradient exploding）的問題，可預期當一個數字累乘（1.01 的 100 次方），梯度會變超大，導致更新網路權重（weight）及誤差（bias）很容易發生問題。而針對這樣的狀況，有一個簡單的解決的方法就是超過一個門檻值就固定。

```
#Example clipping
tf.clip_by_value(data,0,1)
#range if number less or above fix at 0 or 1
```

```
[15] #Example clipping
     tf.clip_by_value(data,0,1)
     #range if number less or above fix at 0 or 1

     <tf.Tensor: shape=(3, 3), dtype=float32, numpy=
     array([[0.6283854 , 0.8525678 , 1.        ],
            [1.        , 0.        , 0.        ],
            [0.        , 0.34448802, 0.        ]], dtype=float32)>
```

▲ 圖 2-8　Clipping 資料

2-4 數據運算

首先我們先從基本數學運算開始談起，這些運算您將會大量使用於深度學習或者機器學習專案。雖然 TF 有很多已經寫好的實用函式，但有時候可能無法達到一些客製化需求，所以可能需要手寫函式來運算一些指標或者修改損失函數（Loss Function）等等。接下來會討論一下基本運算。[＋ － × % sqrt…]，此外，運算時也要注意用法。

1. Element wise：直接對兩組資料中相對應的元素做處理，例如，＋、－，×。以圖 2-9 為例，可看出點對點的處理。

```
[18] a = tf.fill([2,2],5)
     b = tf.fill([2,2],6)
     a+b,a*b

 (<tf.Tensor: shape=(2, 2), dtype=int32, numpy=
  array([[11, 11],
         [11, 11]], dtype=int32)>, <tf.Tensor: shape=(2, 2), dtype=int32, numpy=
  array([[30, 30],
         [30, 30]], dtype=int32)>)
```

▲ 圖 2-9　基本運算

2. Matrix wise：就是矩陣相乘，在做深度學習模型時，常使用矩陣相乘來得到結果。例如，[6, 32, 4] @ [6, 4, 6] ＝ [6, 32, 6]。

```
[19] a = tf.fill([2,32,4],5)
     b = tf.fill([2,4,6],6)
     (a@b).shape # or tf.matmul(a,b)
     #Output:TensorShape([2, 32, 6])

 TensorShape([2, 32, 6])
```

▲ 圖 2-10　矩陣相乘

3. Dimension wise：針對特定維度做運算。例如，想要取得某特定特徵的平均值。常被拿來計算一些損失（Loss），或者計算準確度（Accuracy）。

```
#Example reduce_mean
mean_0 = tf.reduce_mean(tf_data, axis=0, keepdims=False)
mean_1 = tf.reduce_mean(tf_data, axis=1, keepdims=False)
```

```
[29] #Example for dimension wise
     data = [[1,2,3],
             [1,2,3]]

     tf_data = tf.cast(data,tf.float32)

     mean_all = tf.reduce_mean(tf_data, keepdims=False)
     mean_0 = tf.reduce_mean(tf_data, axis=0, keepdims=False)
     mean_1 = tf.reduce_mean(tf_data, axis=1, keepdims=False)

[30] mean_all,mean_0,mean_1

     (<tf.Tensor: shape=(), dtype=float32, numpy=2.0>,
      <tf.Tensor: shape=(3,), dtype=float32, numpy=array([1., 2., 3.], dtype=float32)>,
      <tf.Tensor: shape=(2,), dtype=float32, numpy=array([2., 2.], dtype=float32)>)
```

▲ 圖 2-11 Dimension wise 運算

除了上述那些運算，有一個很常使用的運算 API 就是 `tf.math.argmax`。這個 API 常被使用當模型輸出了所有分類的預測結果，透過此 API，可直接取機率最高的分類做為預測結果。因此，在設計此 API 上，回傳的是最大數值的索引。

```
#Example argmax
a = tf.constant([1,2,3])
tf.math,argmax(a)
#output 2 <- index
```

2-5 總結

這個章節仔細的說明 Tensorflow 的資料處理，也希望大家能透過說明更加了解基礎的語法。在操作 Tensroflow 的資料處理（ETL）也能更加得心應手。尤其是資料前處理的工作，非常瑣碎也煩人，常常會處理到快瘋掉，並花掉整個專案的 70~80%的時間（包含：處理遺漏值、資料清洗、特徵工程等等）。但資料前處理對一個深度學習專案或者資料科學專案非常的重要。俗話說的好“Garbage in，Garbage out ！”，所以真的要很小心注意資料處理的步驟，有時候模型結果不好，只是因為資料處理的步驟出了問題。因此，若您可以熟悉這些語法，必定可以加速在資料處理的速度。

CHAPTER

03

TF.Keras API

本章節會來討論 Tensorflow 高階 API，講述的內容會以 tf.keras 為主。首先，Keras 是由 Francois Chollet 及其團隊一同開發。而 tf.keras 與一般的 Keras 是不盡相同，過去所使用的 Keras，是使用 Tensorflow 作為 backend，且 Keras 本身有建立模型的方式（Wrapper）。而現在 TF 2.X 將 Keras 整併後，也就是說可更直覺透過 Tensorflow 使用類似 Keras 的 Wrapper 所支援的各項功能，並刪減及合併了一些 API，本章節著重討論的是 TF 2.X 下的 tf.keras。

一般來說，在 tf.keras 下，比較常使用的像是 `tf.keras.layer`、`tf.keras.losses`、`tf.keras.mertrics`、`tf.keras.optimzer` 等等。因為 tf.keras 建立模型的方式更加直覺，讓深度學習的門檻大幅降低，讓初學者可輕鬆使用深度學習模型來解決各個領域上的問題。

3-1 基本操作

首先討論的就是資料！沒有資料就無法訓練模型。而 `tf.keras.datasets` 提供許多完善的公開資料，例如常見的 MNIST、Fashion MNIST、CIFAR-10 等等。透過呼叫 API，可以輕鬆匯入已經前處理完成的資料，省略前處理的麻煩。若想要 Benchmark 的資料，這個 API 是抓取資料的一個好選擇。而範例程式如下：

```
(x,y),(x_test,y_test) = tf.keras.datasets.cifar10.load_data()
```

```
[3] (x,y),(x_test,y_test) = tf.keras.datasets.cifar10.load_data()

[4] x.shape,y.shape

((50000, 32, 32, 3), (50000, 1))
```

▲ 圖 3-1　載入資料

除了載入資料，在訓練模型時，會需要去評估模型的準確度及訓練狀況的優劣，而 tf.keras.metrics 提供在訓練模型的過程中，用以可記錄損失（Loss）或者準確度（Accuracy）等等的模型數值。假如要建立一些模型衡量指標其使用方式如下：

```
Model_acc = tf.keras.metrics.Accuracy()
#or
Model_mean = tf.keras.metrics.Mean()
```

假如訓練過程中，需更新或者說增加裡面的數值就會使用像是：

```
Model_acc.update_state(y,pred)
#or
Model_mean.update_state(current_loss)
```

之後在每一個迭代（Iteration）或者每一回合（Epoch）就可以在列出這些模型當下的 Loss 與 Accuracy，來檢驗模型的好與壞

```
#training steps
print(step,'Train_loss:',Model_mean.result().numpy(),
'Train_Acc',Model_acc.result().numpy())
```

而若需要在每一個 Epoch 跑完後清除模型的數值，可使用像是：

```
Model_mean.reset_states()
Model_acc.reset_states()
```

除了上述所說的資料讀取與建立的 API，tf.keras 也有提供資料前處理的 API-`tf.keras.preprocessing`，包含特徵工程以及資料增強等等的前處理方法，可應於許多情境，像是影像辨識、文字處理。而什麼是資料增強（Data Augmentation）？資料增強是將既有的資料透過一些手法來創造更多的資料。在影像辨識中，常會使用一些手法來做資料增強，像是在影像中隨機增加雜訊、或者將影像隨機偏移等等。在論文及各項實務研究，在影像辨識中，資料增強對模型有良好的效果。以下介紹一個常用的做法 Random Shift：

首先可以先透過 tf.keras.datasets 來讀取資料，使用 `tf.keras.preprocessing.image.random_shift`。參數則是：wrg 跟 hrg 為限制範圍，而 `fill_mode` 則是填入的方式，就可以達成資料增強，最後並輔使用 Python 的 Matplotlib 來視覺化成效。

```
(x,y),(x_test,y_test) = tf.keras.datasets.fashion_mnist.load_data()
img_shifted = tf.keras.preprocessing.image.random_shift(
    x,
    wrg=0.2,
    hrg=0.2,
    fill_mode='constant'
)
```

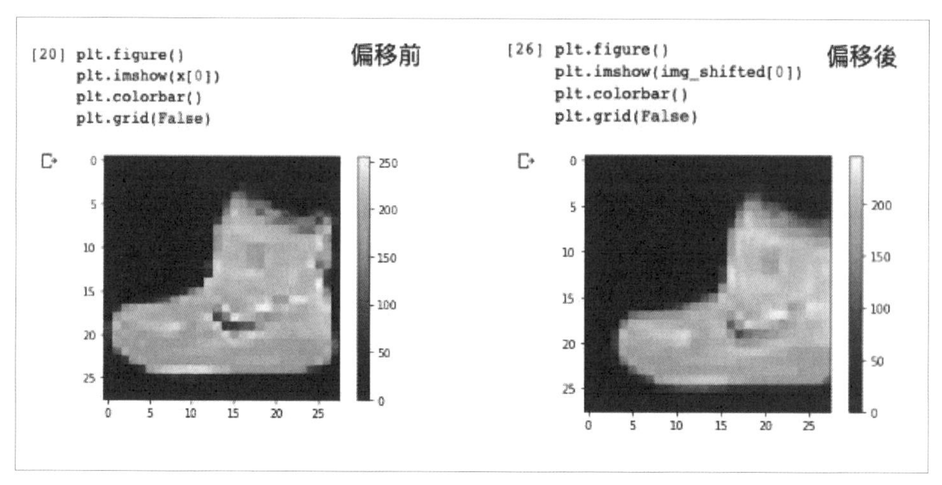

▲ 圖 3-2　偏移前後圖示

3-2 定義模型

在定義模型的部分，tf.keras 分為兩種定義模型方式：Sequential 模型以及 Functional API。最常看到教學直接使用 `tf.keras.Sequential` 來建立網路架構。而什麼是 `tf.keras.Sequential`? 它是一個序列模型，可以讓我們輕易地透過這個 API 來堆疊網路並建立序列化模型。簡單來說，可以堆疊各層。而每一層的定義就會使用 `tf.keras.layers` 來定義每一層（例如，neuron 數、activation function 等等）。最後就丟進去編譯即可。若想看一下參數，可以使用 `model.trainable_variables` 就可以拿取模型中要訓練的變數，像是權重、誤差等。

```
model = tf.keras.Sequential([
    tf.keras.layers.Dense(256,activation=tf.nn.relu),
    tf.keras.layers.Dense(128,activation=tf.nn.relu),
    tf.keras.layers.Dense(64,activation=tf.nn.relu),
    tf.keras.layers.Dense(32,activation=tf.nn.relu),
    tf.keras.layers.Dense(16,activation=tf.nn.relu),
    tf.keras.layers.Dense(10,activation=tf.nn.relu)
])

model.build(input_shpae=[-1,28*28])
```

▲ 圖 3-3　Keras 模型

若想要建立一個更複雜一點的模型，則可使用 Function API 的建立模型方法。tf.keras.Sequential 的限制是堆疊的每一層僅能單輸入輸出沒辦法多輸入多輸出。以下列一個範例來説，通常我們會想串接多個輸入到同一層，例如，兩個資料源放到不同的 Embedding 層最後串接起來。以下面程式為例：

```
txt_feature_1 = layers.Embedding(num_words, 64)(txt_source_1)
txt_feature_2 = layers.Embedding(num_words, 64)(txt_source_2)

txt_feature_1 = layers.LSTM(128)(txt_feature_1)
txt_feature_2 = layers.LSTM(32)(txt_feature_2)
# 輸入兩項
x = layers.concatenate([txt_feature_1, txt_feature_2, tags_input])

priority_pred = layers.Dense(1, name='priority')(x)
department_pred = layers.Dense(num_departments, name='department')(x)
# 輸出兩項
model = keras.Model(inputs=[title_input, body_input,
tags_input],outputs=[priority_pred, department_pred])
```

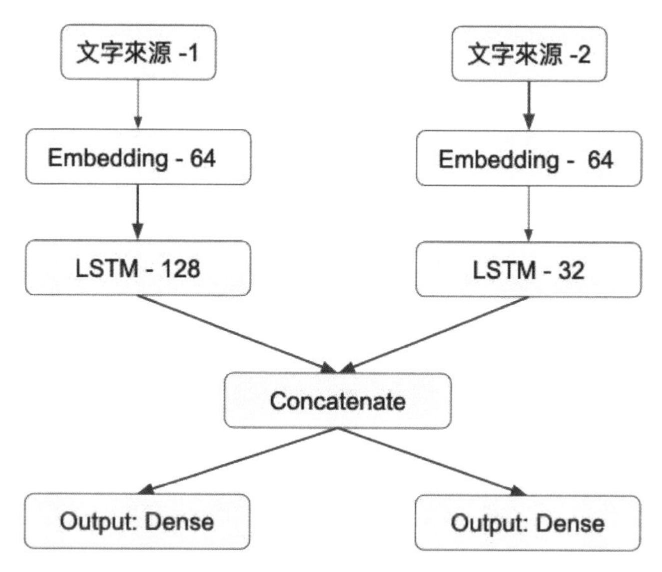

▲ 圖 3-4　Function API 模型

假如想要客製定義層（Cstomized Layer），也是可以的！主要記得是要在 main class 中主要實現 init、call 跟 build 的方法，並且記得繼承 `tf.keras.layer`。以下為 init、call 以及 build 的功用：

- init：主要就是初始化以及繼承模組
- call：執行前向傳導
- build：提供資料輸入的維度，定義變數的等等

範例如下：

```
class MyDenseLayer(tf.keras.layers.Layer):
  def __init__(self, num_outputs):
    super(MyDenseLayer, self).__init__()
    self.num_outputs = num_outputs
```

```
  def build(self, input_shape):
    self.kernel = self.add_variable("kernel",
                                    shape=[int(input_shape[-1]),
                                           self.num_outputs])

  def call(self, input):
    return tf.matmul(input, self.kernel)

layer = MyDenseLayer(10)
print(layer(tf.zeros([10, 5])))
print(layer.trainable_variables)
```

```
tf.Tensor(
[[0. 0. 0. 0. 0. 0. 0. 0. 0. 0.]
 [0. 0. 0. 0. 0. 0. 0. 0. 0. 0.]
 [0. 0. 0. 0. 0. 0. 0. 0. 0. 0.]
 [0. 0. 0. 0. 0. 0. 0. 0. 0. 0.]
 [0. 0. 0. 0. 0. 0. 0. 0. 0. 0.]
 [0. 0. 0. 0. 0. 0. 0. 0. 0. 0.]
 [0. 0. 0. 0. 0. 0. 0. 0. 0. 0.]
 [0. 0. 0. 0. 0. 0. 0. 0. 0. 0.]
 [0. 0. 0. 0. 0. 0. 0. 0. 0. 0.]
 [0. 0. 0. 0. 0. 0. 0. 0. 0. 0.]], shape=(10, 10), dtype=float32)
[<tf.Variable 'my_dense_layer/kernel:0' shape=(5, 10) dtype=float32, numpy=
array([[-0.15964681, -0.40893126,  0.618269  , -0.57460403,  0.23591882,
         0.26830167,  0.5406932 ,  0.43068188,  0.0199936 , -0.568995  ],
       [-0.5704156 ,  0.3835289 , -0.3861894 , -0.09603417, -0.2703298 ,
         0.0255146 , -0.34141618, -0.6153633 , -0.14436343,  0.36609465],
       [ 0.41776425, -0.306469  ,  0.35313118,  0.3809703 , -0.42094707,
         0.11496061, -0.3596766 , -0.4997383 ,  0.5253318 , -0.18121117],
       [-0.29708704,  0.2537629 ,  0.48916024, -0.23479226,  0.49871582,
        -0.50496316, -0.5649314 ,  0.52473205,  0.5728852 ,  0.4199745 ],
       [ 0.1983453 , -0.15264839, -0.05217695,  0.28888047,  0.01511705,
        -0.5271405 ,  0.61961323,  0.539187  , -0.22208345, -0.12370574]],
      dtype=float32)>]
```

▲ 圖 3-5　Customized layer

而自定義一個網路架構也是非常類似的，但他所繼承的類別就是 tf.keras.Model，以手刻一個神經網路為例：

```
class ResnetIdentityBlock(tf.keras.Model):
  def __init__(self, kernel_size, filters):
    super(ResnetIdentityBlock, self).__init__(name='')
    filters1, filters2, filters3 = filters

    self.conv2a = tf.keras.layers.Conv2D(filters1, (1, 1))
    self.bn2a = tf.keras.layers.BatchNormalization()

    self.conv2b = tf.keras.layers.Conv2D(filters2, kernel_size, padding='same')
    self.bn2b = tf.keras.layers.BatchNormalization()

    self.conv2c = tf.keras.layers.Conv2D(filters3, (1, 1))
    self.bn2c = tf.keras.layers.BatchNormalization()

  def call(self, input_tensor, training=False):
    x = self.conv2a(input_tensor)
    x = self.bn2a(x, training=training)
    x = tf.nn.relu(x)

    x = self.conv2b(x)
    x = self.bn2b(x, training=training)
    x = tf.nn.relu(x)

    x = self.conv2c(x)
    x = self.bn2c(x, training=training)

    x += input_tensor
    return tf.nn.relu(x)
```

▲ 圖 3-6　Customized Model

3-3 模型訓練

一般來說，Model training 的 API 會分為四類：`model.compile`、`model.fit`、`model.evaluate`、`model.predict`。其實這四項 API 很直觀，就是整個機器學習訓練模型的流程。若不用 tf.keras 的 API，就要使用 `tf.GradientTape()` 來訓練及更新參數，這個方法會在下一個章節操作示範。但若是在 tf.keras 裡面就超級方便！就像我們第一個最簡單的 Colab，直接執行：

```
model.compile(optimizer='adam',
              loss='mean_squared_error',
              metrics=['mean_squared_error'])

history = model.fit(X_train.values ,y_train.values, epochs=100, validation_split = 0.1)

model.evaluate(X_val)
```

▲ 圖 3-7　模型 Compile

在訓練過程時，我們常會使用 Callback 這個函數來監控模型的訓練狀況。其中，最常用的則是 Callback 裡面的 Earlystopping。透過 Earlystopping 除了將訓練的時間，也可以簡單的防止過度學習。其概念為，當模型訓練到一定程度時，若驗證資料預測的狀況並未持續改善，則會停止訓練。一般來說，我們會使用 Val_loss（驗證資料集損失），或者 Val_acc 做為 Ealystopping 的參考依據。在 Ealystopping 裡面主要有三種參數可以操作：

- min_delta：改善的幅度門檻。
- patience：在多少個 epoch，驗證資料集均未超過改善門檻則停止訓練。
- mode：包含“min”，“max”，“Auto”，三種模式。當訓練狀況停止下降，則為”min“模式。反之則為“Max”。

```
tf.keras.callbacks.EarlyStopping(
monitor='val_loss', min_delta=0, patience=0, mode='auto')
```

3-4 模型儲存

一般來說，訓練完模型後，會把模型儲存，或者說訓練到一半時中斷把當下的模型儲存，之後可以直接讀取模型繼續訓練。儲存的方式有兩種 save/load weight、save ／ load model。Save weight 的方式是比較輕量級的方法，但是模型架構等等都要先定義好且相同。Save model 就是直接全部存下來，不需要先定義模型架構。

```
#Save weight
model.save_weights('weights.ckpt')
#Load weight
model = create_model()
model.load_weights('weights.ckpt')
# save model
model.save('model.h5')
# load model
model = tf.keras.models.load_model('model.h5')
```

此外，若在訓練過程，我們想直接儲存權重的話，也可以直接使用 ModelCheckpoint 來儲存模型每一個 epoch 的權重，或者說直接儲存最佳的模型透過下述程式。ModelCheckpoint 的好處其中一個若模型訓練太久或者系統不穩定時，模型容易中斷訓練。此 API 可以將模型權重記錄下來，若模型訓練中斷，可透過之前所存的權重繼續訓練。

```
checkpoint = ModelCheckpoint(filepath, monitor='val_acc',
verbose=1, save_best_only=True,mode='max')
```

3-5 總結

tf.Keras 的高階 api 是一個繁為簡的工具，透過簡易的語法，可以完成複雜的模型訓練以及檢驗。除此之外，也將 API 模組化讓大家在操作上更輕鬆的修改模型。讓我們在測試、實驗階段，都能快速的達成目的。而如此模組化的 API 下，仍保有可客製化的方法，可讓使用者去自定義所想要的模型或者各層。因此，tf.keras 絕對是在導入或者運行深度學習時，不可或缺的好幫手。在後面的章節，也會陸續介紹一些常用的 tf.keras 的 API，並搭配深度學習概念，更能理解 API 的運作。

CHAPTER

04

Python 資料處理與視覺化實戰

不管是深度學習工程師或者資料分析師而言，資料處理與視覺化都是非常重要的一環。在學校做研究時，幾乎可以把全部的時間花在優化模型，由於時常使用的資料為標竿資料集，幾乎可以把全部時間投注在優化模型上。但在真實世界中，資料可能是非常混亂的，工程師可能要花至少 80%以上的時間在做資料前處理，但相對的資料前處理做得好，也會讓後續建模的科學家可以更輕鬆。這章節會以情境的方式切入，帶領大家一步一步的掌握整個資料分析流程。

4-1 初入茅廬

情境一：小安是一名剛入職的資料分析師，當他著手用戶分析時，遇到層出不窮的問題，他頓時萌生離職的念頭，心想跟之前跑的 UCI IRIS 資料集，未免也差太多了吧。

Problem 1：資料量太大

小安心想，以前在處理的資料，頂多就是幾千筆或幾萬筆，但現在資料工程師給的資料一個檔案就超過億筆，真是一個頭兩個大。先用以前熟悉的套件－ pandas 把一份資料讀進來看看（如圖 4-1）。讀一份檔案就要花將近 2 分半，等到全部資料讀完，光是讀檔這個步驟可能就要花一小時。

```
%%time
pandas_df= pd.read_csv("raw_data.csv")
```

```
%%time
pandas_df= pd.read_csv("raw_data.csv")
________________________________________________

CPU times: user 1min 39s, sys: 50.1 s, total: 2min 29s
Wall time: 3min 3s
```

▲ 圖 4-1　pandas 載入資料

這時可能必須尋求針對大數據處理可以提供更高的性能的套件，如：data.table，它的作用與 pandas 近似，但卻不像 pandas 能夠支援多元的操作，data.table 著重在速度的優化，尤其在處理非常巨量的資料時，更能體會到 data.table 與 pandas 之間的差距。

接下來嘗試以 datat.able 讀取資料，發現大概可以提升 3.5 倍的速度（如圖 4-2），而隨著資料的增長，兩者之間的差距可能會越來越大。

```
%%time
datatable_df= dt.fread("raw_data.csv")
```

```
%%time
datatable_df= dt.fread("raw_data.csv")
________________________________________________

CPU times: user 27.9 s, sys: 14.3 s, total: 42.2 s
Wall time: 45.7 s
```

▲ 圖 4-2　datatable 載入資料

如果有些人會怕說這樣是不是又要重學 data.table 的一些基本操作，其實你也可以只把它當作是一個快速讀取檔案的工具，接下來要運算的時候就轉成 dataframe，它們格式之間的轉換都很方便。

```
pandas_df = datatable_df.to_pandas()
```

```
pandas_df = datatable_df.to_pandas()
```

▲ 圖 4-3　資料型態轉換

4-2 小試身手

讀完檔後，先看一下資料大致的格式，主要包含了連續劇的代號及劇名，另外則是年齡及性別，這時候眼尖的讀者可能會發現到年齡性別的欄位好像有點奇怪，有許多的空值，這可能是因為有登入的用戶我們才能得到他當初設定的會員資料，沒登入的用戶則該欄位就為空值。

```
In [26]: pandas_df
Out[26]:
```

	drama_id	drama_name	gender	age
1	42556	花美男	NaN	0
2	41346	我的老師叫小賀	NaN	0
3	15406	芙蓉閣之戀 (新妓生傳)	female	0
4	40606	五個孩子	NaN	0
5	38896	請回答1988	female	28
6	41966	又是吳海英	NaN	0
7	42856	任意依戀	female	26
8	40526	女醫明妃傳	NaN	0
9	40766	加油！美玲	female	0
10	22146	戀愛的發現	NaN	0

▲ 圖 4-4　資料瀏覽

接下來利用 describe 得到每個欄位大致上資料的分佈狀況（如圖：4-5），可以看到總共有 54,288,728 筆資料，總共包含了 2,204 部連續劇。其中女流氓慧靜的瀏覽率是最高的，這邊觀劇的瀏覽率可能就可以有很多分析可以實作，像是負責購片業務的人，可能希望你提供每部劇觀看人數的走勢，並預測新出的劇哪一部會爆紅，作為他們購片的依據。另外像是廣告的投放，當知道你的平台的觀眾群涵蓋哪幾個族群，並適度分類後，就可以針對這些不同的族群投放不同的廣告。這邊性別欄位沒有秀出遺漏值的筆數，年齡的欄位也因為可能當初設計這個欄位遺漏值會自動補 0 的關係，沒辦法看出真實的資料分佈。而實務上處理遺漏值的方式也會根據你的需求有所不同，例如：你現在處理的資料一定要有這幾個欄位的值，或者是有遺漏的資料筆數可能佔整個資料非常小部分，就可以考慮直接刪除遺漏值，如果有要使用補值的方法，則必須考慮資料的型態，如果是類別型的資料，可以考慮使用眾數，而數值型的資料如果分佈為常態的可以考慮平均數，非常態則可以考慮中位數。

```
pandas_df.describe(include = 'all')
```

```
In [27]: pandas_df.describe(include= 'all')
Out[27]:
```

	drama_id	drama_name	gender	age
count	5.428873e+07	54288728	15398666	5.428873e+07
unique	NaN	2204	2	NaN
top	NaN	Doctors(女流氓慧靜)	female	NaN
freq	NaN	6759782	12547136	NaN
mean	3.719034e+04	NaN	NaN	7.950463e+00
std	1.200840e+04	NaN	NaN	1.528758e+01
min	2.660000e+02	NaN	NaN	0.000000e+00
25%	3.796600e+04	NaN	NaN	0.000000e+00
50%	4.212600e+04	NaN	NaN	0.000000e+00
75%	4.279600e+04	NaN	NaN	0.000000e+00
max	9.025600e+04	NaN	NaN	1.110000e+02

▲ 圖 4-5　資料欄位描述

扣除那些遺漏值的資料，來看看登錄會員的資料分布大致呈現怎樣的分佈。會員資料有大概 1300 萬筆，所以大概有 20% 的使用者在追劇的時候是有登錄的，而接近八成的使用者為女性。在年齡方面，使用者平均年齡為 32 歲，最小的使用者為 13 歲，而最老的使用者則是 111 歲，這時我們不禁心中浮現一個問號，真的有這麼年邁的使用者在使用我們的平台嗎？這部分可能就要跟業務單位來討論，或者從他們的瀏覽紀錄判斷到底是真實資料，還是就是一筆異常資料。

```
revise_pandas_df.describe(include= 'all')
```

	drama_id	drama_name	gender	age
count	1.331017e+07	13310169	13266578	1.331017e+07
unique	NaN	2147	2	NaN
top	NaN	Doctors(女流氓慧靜)	female	NaN
freq	NaN	1655241	10787156	NaN
mean	3.726242e+04	NaN	NaN	3.242788e+01
std	1.218093e+04	NaN	NaN	1.262905e+01
min	2.660000e+02	NaN	NaN	1.300000e+01
25%	3.801600e+04	NaN	NaN	2.300000e+01
50%	4.234600e+04	NaN	NaN	3.000000e+01
75%	4.283600e+04	NaN	NaN	3.900000e+01
max	9.025600e+04	NaN	NaN	1.110000e+02

▲ 圖 4-6　資料欄位描述（前處理完）

身為資料分析師，這時我們就可以開始把剛剛的分析成果，彙整成圖表呈現給老闆看，這邊介紹一個資料視覺化的套件 -Chartify，相信也有不少人是使用 Matplotlib，兩者相比之下，Chartify 主打是學習成本很低，提供的 API 比較簡單易懂，稍微了解後就可以畫出一張張精美的圖。

把剛剛前面分析的結果畫成圖表，從圖 4-7 中可以明顯看出大約 20%是有登錄的，而這邊我們假設我們的會員都會先登錄才會觀劇，進一步去分析網站會員的組成。

```
Member_analysis = (pandas_df.groupby('Member')['Member'].
count()).reset_index(name="count")
ch = chartify.Chart(blank_labels=True, x_axis_type='categorical')
ch.set_title(" 會員比例分析 ")
ch.plot.bar(
    data_frame=Member_analysis,
    categorical_columns='Member',
    numeric_column='count')
ch.show('png')
```

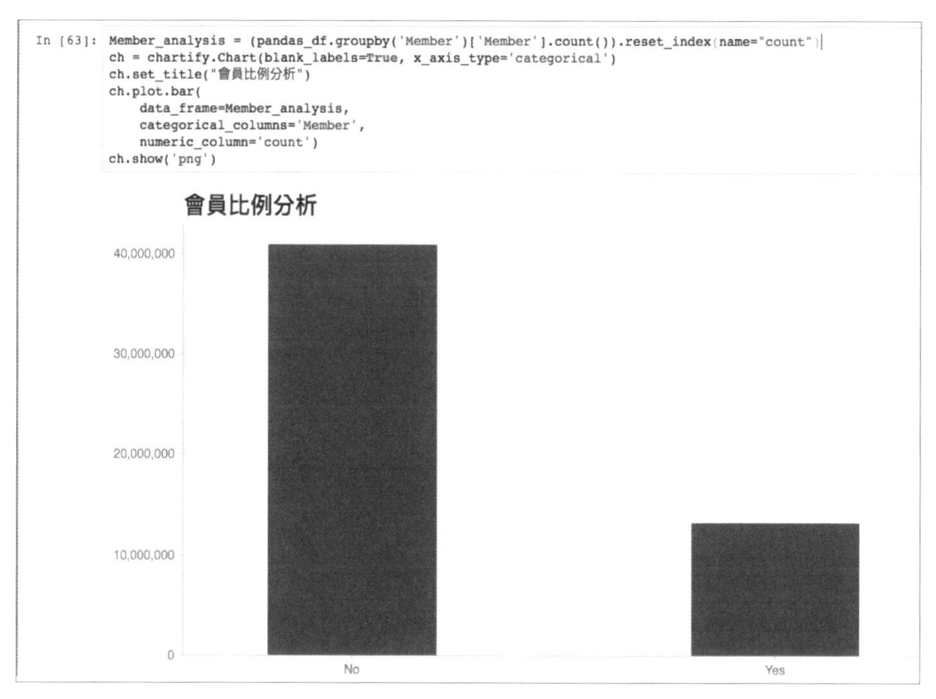

▲ 圖 4-7　會員比例圖

從圖 4-8 可以看出，會員性別集中在女性，而年齡其實也是偏年輕上班族和大學生為主，而目前所做的分析其實就對於我們做一些決策是很有幫助的，包含像是廣告或者購片的選擇。

```
Member_gender_analysis = (revise_pandas_df.groupby('gender')
['gender'].count()).reset_index(name="count")
ch = chartify.Chart(blank_labels=True, x_axis_type='categorical')
ch.set_title(" 會員性別比例 ")
ch.plot.bar(
    data_frame=Member_gender_analysis,
    categorical_columns='gender',
    numeric_column='count')
ch.show('png')
```

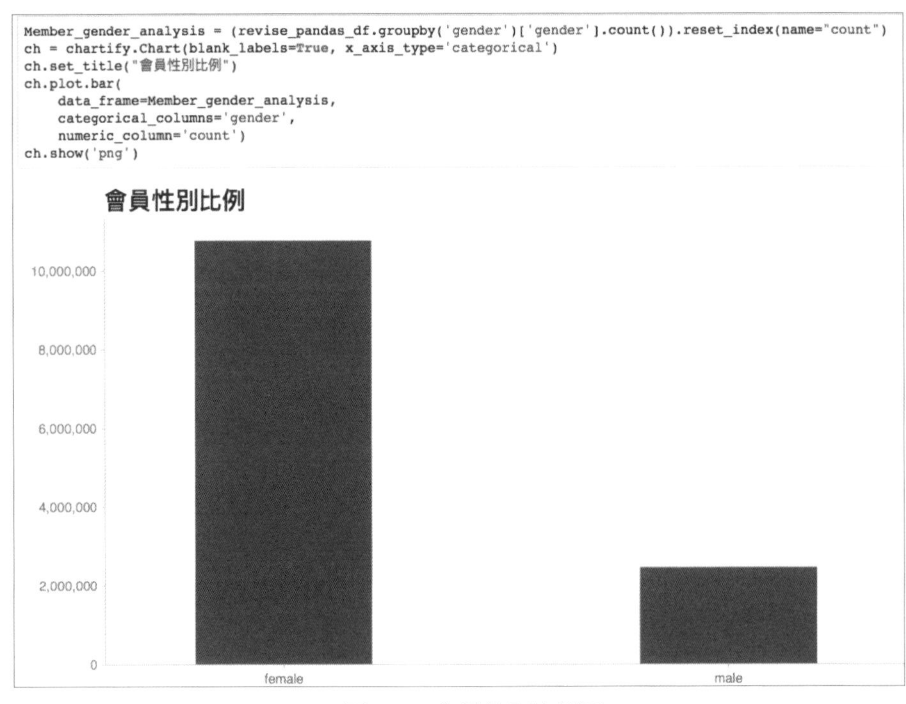

▲ 圖 4-8　會員性別比例圖

```
bins = [0, 18, 25, 35, 45, 65, np.inf]
names = ['<18', '18-25', '26-35', '36-45','46-65', '65+']
revise_pandas_df['age_range'] = pd.cut(revise_pandas_df['age'],
bins, labels=names)
revise_pandas_df['age_range'].cat.reorder_categories(names,
inplace=True)
Member_gender_analysis = (revise_pandas_df.groupby('age_range')
['age_range'].count()).reset_index(name="count")
ch = chartify.Chart(blank_labels=True, x_axis_type='categorical')
ch.set_title(" 會員年齡分佈 ")
ch.plot.bar(
    data_frame=Member_gender_analysis,
    categorical_columns='age_range',
    numeric_column='count',
    categorical_order_by='labels',
    categorical_order_ascending=True)
ch.show('png')
```

```
bins = [0, 18, 25, 35, 45, 65, np.inf]
names = ['<18', '18-25', '26-35', '36-45','46-65', '65+']
revise_pandas_df['age_range'] = pd.cut(revise_pandas_df['age'], bins, labels=names)
Member_gender_analysis = (revise_pandas_df.groupby('age_range')['age_range'].count()).reset_index(name="count")
ch = chartify.Chart(blank_labels=True, x_axis_type='categorical')
ch.set_title("會員年齡分佈")
ch.plot.bar(
    data_frame=Member_gender_analysis,
    categorical_columns='age_range',
    numeric_column='count')
ch.show('png')
```

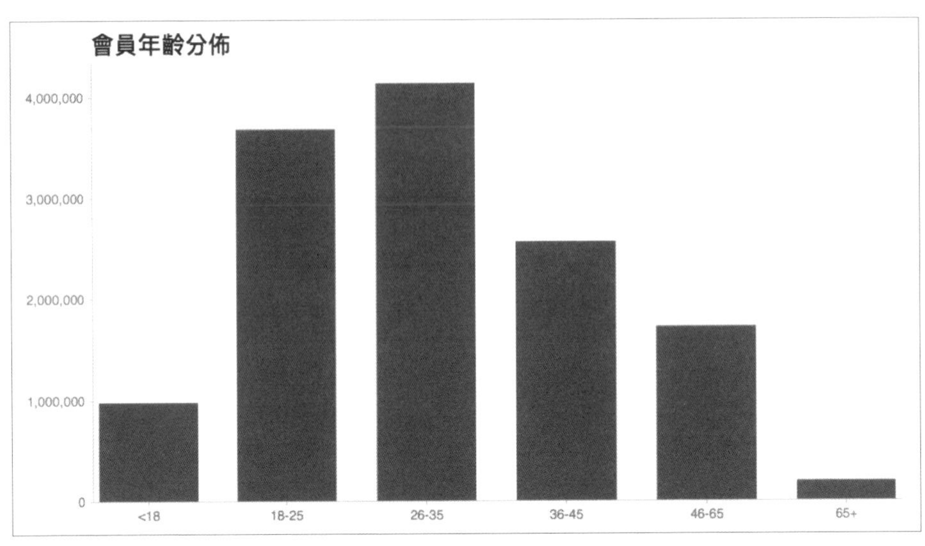

▲ 圖 4-9　會員年齡分佈圖

4-3 熟能生巧

如果這時候購片的負責人問你有沒有什麼分析的成果，就可以和他解釋目前的客群主要集中在大學生和剛出社會的上班族，並且女性居多，所以如果要購片可能優先購入主打這些客群的連續劇，如果有要推廣告的話，以平台主要使用者來看，主推美妝、保養應該會是比較有效益的。常常業務單位也會希望可以做一些顧客的分群、或者是自定義的標籤，讓他們可以很方便的展示給客戶看該部劇的主要客群是女性小資族。下面的例子（圖 4-10）會先隨便假設依照年齡及性別將客戶分類，共分成青少年、大學生及新鮮人、男上班族、女性上班族還有退休族，這邊的範例只是稍微依照年齡和性別去做分類，實際應用可能可以加入一些顧客的偏好並跟業務單位配合，挑選出重要的特徵。將最熱門的五部劇挑出，試著觀察看看在這五部連續劇中，不同族群的佔比是否會有一些顯著的差異。

```
ch = chartify.Chart(blank_labels=True, x_axis_type='categorical')
ch.set_title("top5 連續劇目標族群分佈狀況 ")
ch.plot.bar(
    data_frame=top5_drama,
    categorical_columns=['drama_name', 'group'],
    numeric_column='count',
    color_column='group')
ch.axes.set_xaxis_tick_orientation('vertical')
ch.show('png')
```

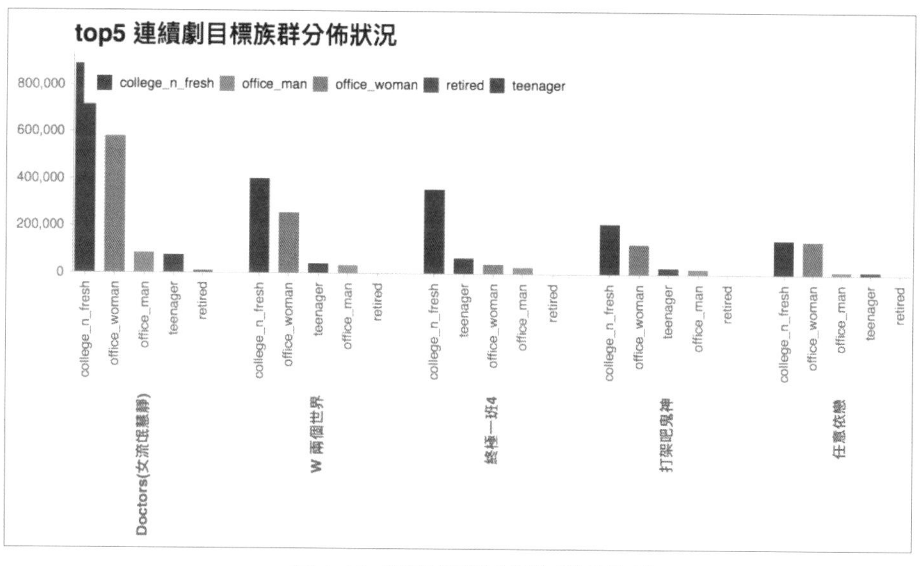

▲ 圖 4-10 熱門劇與目標族群分佈圖

從圖 4-11 可以發現，最熱門的五部劇觀看人數最多的都是大學生和新鮮人族群，而比較明顯的差異應該是在終極一班 4 的部分，正常情況女性上班族的人數大約是大學生和新鮮人族群的八成左右，但是在終極一班 4 可能頂多一成，所以可以判斷這部劇的年齡層偏低，整體來說每部劇的族群差異沒有太大，最多的族群都是大學生和新鮮人族群，但這邊要注意一點，這個結果可能是因為在母體的分佈情況本來就有差距，可能這個網站的使用上，大學生和新鮮人族群是其他族群的 100 倍人數，所以就算只有 2% 的大學生和新鮮人族群在收看這部劇，還是比其他族群 100% 觀看人數還要多。這邊我們可以做一些轉換，將每個族群各自除以該族群的總數，結果可以想像成該族群有多少比例的人在觀看這部劇。

```
ch = chartify.Chart(blank_labels=True, x_axis_type='categorical')
ch.set_title("top5 連續劇目標族群分佈狀況 (%)")
ch.plot.bar(
    data_frame=top5_drama,
    categorical_columns=['drama_name', 'group'],
    numeric_column='%',
    color_column='group')
ch.axes.set_xaxis_tick_orientation('vertical')
ch.show('png')
```

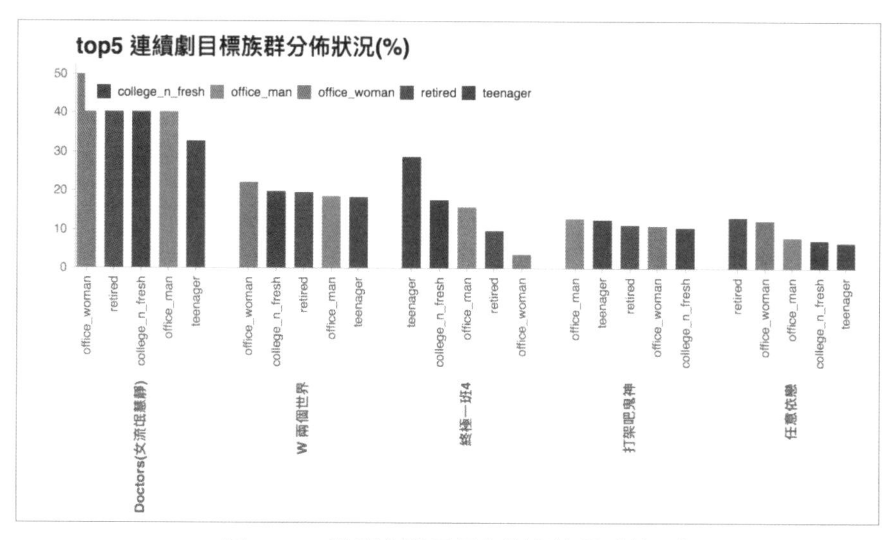

▲ 圖 4-11　熱門劇與目標族群分佈圖（轉%）

整理成每個族群比例之後，可以觀察到的行為就跟剛剛前面依照人數畫出來的圖，有很大的區別，以女流氓慧靜來看，各族群的的比例都非常高，可見它屬於熱門各族群通吃的，唯獨青少年的比例稍低，可能韓劇對於某部分的青少年來說，還是過於成熟，而終極一班 4 跟前面圖的差異也非常大，因為青少年人數佔網站比例很低，所以在剛剛依照人數作圖，完全看不出青少年的喜好程度，而這張圖可以很明顯看出青少年有極高的比例在觀看終極一班 4，而我們也可以看出女性上班族在終極一班 4 的比例異常的低，從這邊我們也可以得知在上班族女性對於這種比較幼稚、搞笑的劇，接受度是更低的，而任意依戀在男性上班族和退休族族群的比例是比較高的，透過這樣的轉換後，可以清楚看出每個族群對於每種劇的喜好程度，如果再針對這些劇的題材、卡司等等深入研究，也可以得知該部劇在這平台的觀看次數大概會有多少，來衡量購入該部劇是否會有利潤。

```
(chartify.Chart(
    blank_labels=True,
    x_axis_type='categorical',
    y_axis_type='categorical')
 .plot.heatmap(
    data_frame=top5_drama,
    x_column='drama_name',
    y_column='group',
    color_column='%',
    text_column='%',
    text_color='white')
 .axes.set_xaxis_label('Drama_name')
 .axes.set_yaxis_label('Group')
 .set_title('連續劇 v.s. 族群')
 .show('png'))
```

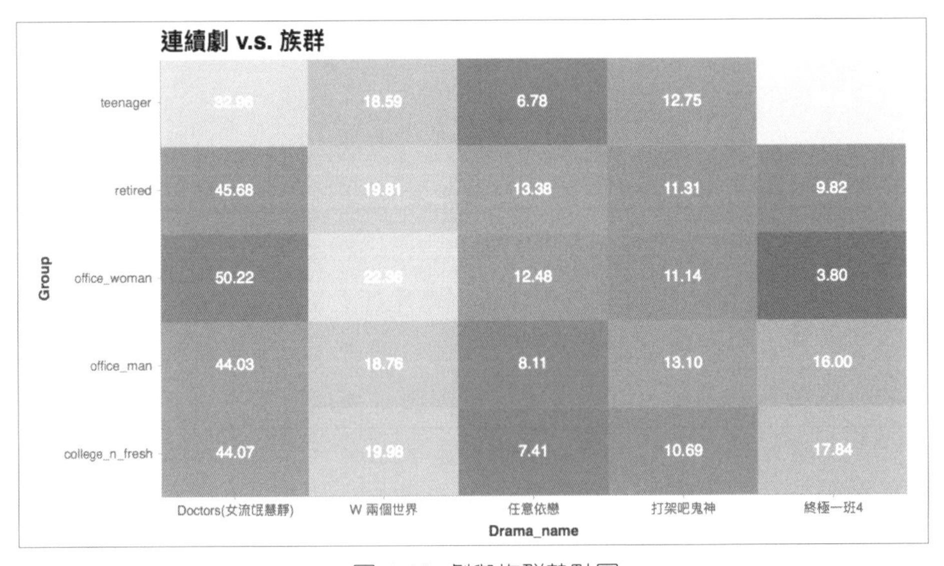

▲ 圖 4-12 劇與族群熱點圖

如果覺得長條圖還是有點不方面不能很迅速的看出每個族群內每部劇差異及每部劇各族群差異，也可以改用熱點圖（圖 4-12）來表示，從上圖第一列可以看出青少年這個族群觀看每部劇的比例，但這有很大一部分也跟劇的熱門程度有很大的關係，像女流氓慧靜非常熱門，它在每個族群比例都領先其他部劇非常多，所以這時才會搭配固定行，以最後一行來看，終極一班 4 在其他族群佔比從 3.8% ~17.84%，但在青少年族群卻接近 30%，所以利用熱點圖，可以迅速把這兩種關係都考慮進去。

4-4 觸類旁通

根據前面所做的分析，大致上就可以跟老闆交代這整個 APP 的使用者輪廓，接下來會做更進一步的分析，剛剛前面的的族群分類可能就是基於跟業務單位討論出來的結果，簡單的依照使用者年齡及性別大致分成這幾個族群，但就青少年這個族群也有比較成熟喜歡看一些韓劇，或者就是一般這個族群愛看的終極一班系列，如果要做個人化的推薦，就不能只依賴年齡和性別這兩個變數去做分類，必須依照使用者的瀏覽行為去做分群，最簡單的方式可以將每個使用者看過的劇各自表示成一個向量，在根據這些向量去計算相似度，把相似的使用者歸為同一群。

第一步先將資料整理成劇名和使用者對應的矩陣，而裡面的值則為該使用者是否觀看過該部劇，有的話填 1，沒有則是 NA，整理完的結果如圖 4-13 所示，從圖中可以看出第一位使用者應該是網站的重度使用者，觀看的連續劇量非常驚人，而第二位使用者比較像是跟風型的使用者，就目前最流行的連續劇就跟風看一下。

user_id	2E2328	3BAAC6	7DD574
drama_name			
1989一念間	1.0	NaN	NaN
2分之一強 2016	1.0	NaN	NaN
Beautiful Mind(弗蘭肯斯坦醫生)	1.0	NaN	NaN
Doctors(女流氓慧靜)	1.0	1.0	1.0
Fantastic	1.0	NaN	NaN
Oh My Venus	1.0	NaN	NaN
Running Man	1.0	NaN	NaN
W 兩個世界	1.0	1.0	1.0
主君的太陽	1.0	NaN	NaN
仁顯王后的男人	1.0	NaN	NaN
任意依戀	1.0	1.0	1.0
倒數第二次愛情	1.0	NaN	NaN
其實是香蕉2	1.0	NaN	NaN
天才衝衝衝 2016	1.0	NaN	NaN
太陽的後裔	1.0	NaN	NaN
奔跑吧兄弟 第四季	1.0	NaN	NaN
好運羅曼史	NaN	NaN	1.0
媽媽是超人	1.0	NaN	NaN
嫉妒的化身	1.0	NaN	NaN
對我而言可愛的她	NaN	NaN	1.0
急診男女	1.0	NaN	NaN

▲ 圖 4-13　使用者資料

第二步我們可以根據距離計算出使用者的相似度（預設是使用皮爾森相似度），把每個使用者看過的劇變成一組向量，進而計算相似度。

```
corr = user_drama_matrix.corr()
f, ax = plt.subplots(figsize=(12, 9))
sb.heatmap(corr, annot=True)
```

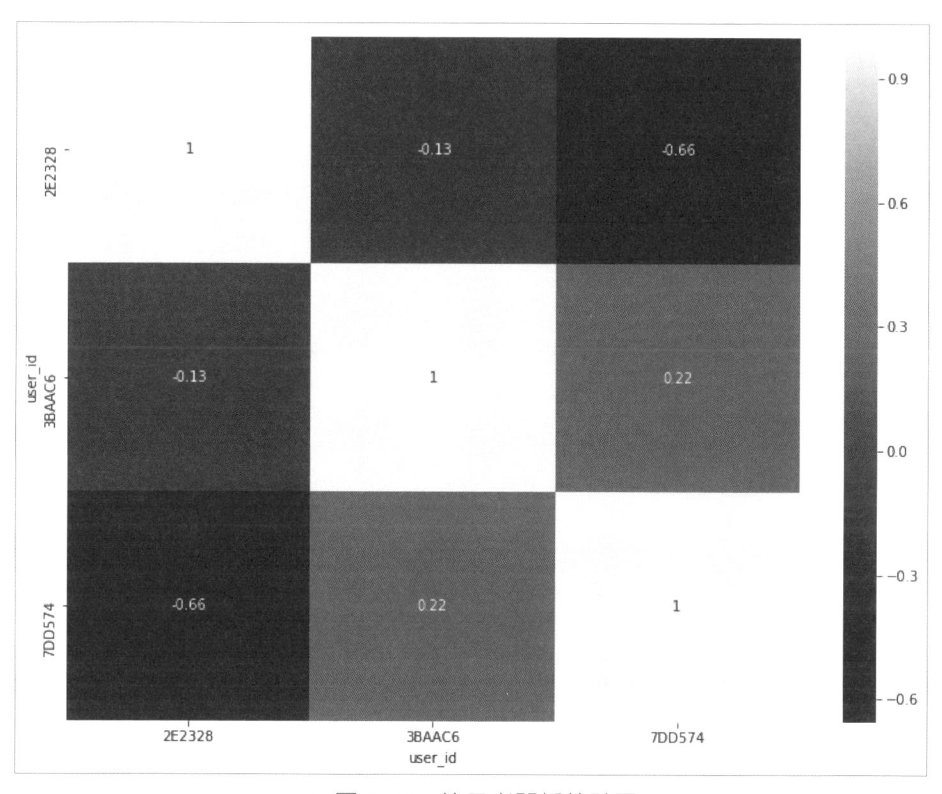

▲ 圖 4-14　使用者關係熱點圖

從圖 4-14 中可以看出使用者兩兩的相似程度，例如剛剛第一位的狂熱使用者跟其他兩位都是呈現出負相關，而第二和三位使用者則是輕度相關，用這種方式可以計算出使用者之間的相關程度，如果要做使用者觀劇的推薦時，就可以從他相關程度大的使用者有看的劇做推薦。

剛剛前面是以使用者切入，分析不同使用者間的相似程度，當然也可以以連續劇為主體，觀察每部劇的相關性，傳統的作法，會給予每部劇一些標籤，例如：奇幻、武俠、宮廷、愛情、推理等等，然後依照這些標籤去做劇的分類，但這些標籤的定義及分類上有時會牽扯到一些主觀的部分，或是換了不同上片的人，標籤的定義也完全不一樣，所以其實也可以根據上面的邏輯，把這部劇所有觀看的人表示成一個向量，如果兩部劇觀看的人都一樣，那這兩部劇就給予很高的相似度。

```
res =
pdist(user_drama_matrix[['user_1','user_2','user_3']], 'jaccard')
distance = pd.DataFrame(squareform(res),
index=user_drama_matrix.index, columns= user_drama_matrix.index)
```

drama_name	1989一念間	2分之一強 2016	Beautiful Mind(弗蘭肯斯坦醫生)	Doctors(女流氓慧靜)	Fantastic	Oh My Venus	Running Man	W 兩個世界	主君的太陽	仁顯王后的男人	...	花漾青春第二季	花美男	華麗的誘惑	觸碰你
drama_name															
1989一念間	0.000000	0.666667	0.666667	0.666667	0.666667	0.666667	0.666667	0.666667	0.666667	0.666667	...	1.000000	1.000000	1.000000	0.666667
2分之一強 2016	0.666667	0.000000	0.666667	0.666667	0.666667	0.666667	0.666667	0.666667	0.666667	0.666667	...	1.000000	1.000000	1.000000	0.666667
Beautiful Mind(弗蘭肯斯坦醫生)	0.666667	0.666667	0.000000	0.666667	0.666667	0.666667	0.666667	0.666667	0.666667	0.666667	...	1.000000	1.000000	1.000000	0.666667
Doctors(女流氓慧靜)	0.666667	0.666667	0.666667	0.000000	0.666667	0.666667	0.666667	0.000000	0.666667	0.666667	...	0.666667	0.666667	0.666667	0.666667
Fantastic	0.666667	0.666667	0.666667	0.666667	0.000000	0.666667	0.666667	0.666667	0.666667	0.666667	...	1.000000	1.000000	1.000000	0.666667
Oh My Venus	0.666667	0.666667	0.666667	0.666667	0.666667	0.000000	0.666667	0.666667	0.666667	0.666667	...	1.000000	1.000000	1.000000	0.666667

▲ 圖 4-15　使用者距離圖

上面程式的部分，計算出每部劇的 Jaccard 距離，Jaccard 距離其實就是用來計算這種 1or 0 資料之間的相似度，分母是聯集，在這邊則就是至少有一個使用者看過的個數，分子則是交集，就是使用者同時看到這兩部劇的個數，公式如下所示。

$$J(A,B) = \frac{A \cap B}{A \cup B}$$

像花美男及二分之一強 2016 的距離是 1，則代表這三個使用者同時都有看過這兩部連續劇。

情境二：小安發現他的薪水要在台北買房子簡直難如登天，他心想是不是能利用一些資料分析的手法從股市中找出一些脈絡。剛拿到股票資料時，可能會包含開盤、收盤、最高價、最低價、成交量等欄位，而針對這種時間序列的資料，可以利用 line chart 來清楚的描繪出走勢。

```
plt.plot(stock[['High','Min']])
plt.legend(["High","Min"], loc=0)
```

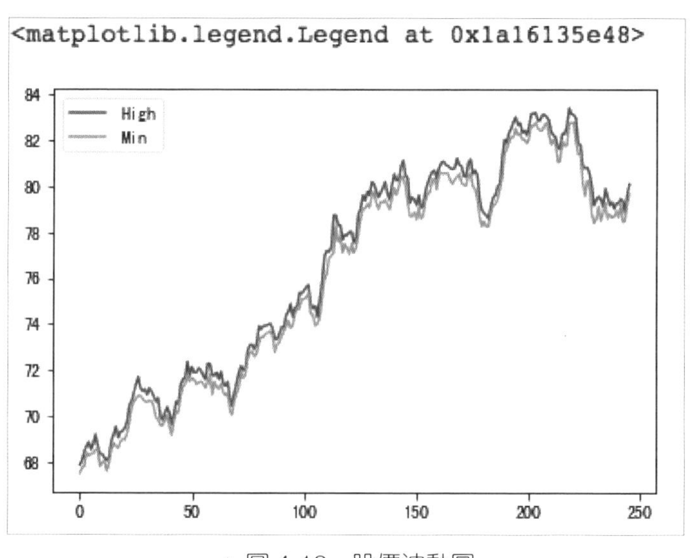

▲ 圖 4-16　股價波動圖

從圖 4-16 可以看出每天最高價和最低價的走勢變化，而兩條線之間的差距則反映當天漲跌最大的區間，而有某部分的股市玩家希望這之間的差距越大越好，代表當天可以操作套利的幅度很大，而如果關注的屬性非常多，不希望整張圖顯得很亂，也可以讓每張圖各自呈現。

```
stock[['Close','High','Min']].plot(subplots = True)
plt.show()
```

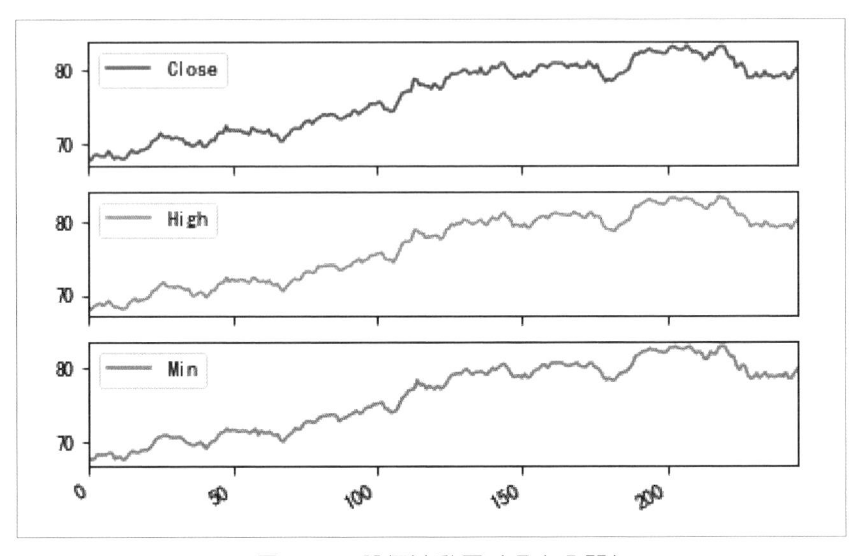

▲ 圖 4-17　股價波動圖（各自分開）

如圖 4-17，可以將想關心的屬性分開呈現，像常常看股價時會搭配成交量，就可以把它們畫在同一張圖，以利後續的分析，在後面的章節，也會實際利用深度學習的模型實作股價預測的題目。

4-5 融會貫通

資料前處理通常是需要花最長時間去操作，因為要了解資料，有時候也必須跟行銷或業務單位討論，到底怎樣是合理的範圍，請他們分享一些這個領域的經驗，而好的前處理對於你後續的分析是非常有用的，才能防止 garbage in garbage out 的狀況，等到模型訓練完效果很差，再追回源頭發現是一開始前處理就有問題，這要花費的成本是非常大的。

而資料視覺化對於一個剛入職的分析師來說也是非常重要的，在你什麼都還不太懂的時候，先針對資料做一些統計分析，畫出每個欄位的分佈，可以加速你去熟悉資料，更了解它的樣貌，而你在做探索性資料分析同時，其實也可以發現到很多可以分析的題目，像前面一系列的分析，例如我們可能認為每部劇每個族群的觀劇比例可能會差異很大，當提出假設後，馬上進行資料視覺化，確定真的跟你的假設一致後，後續就能依照族群去做連續劇推薦等等。

資料視覺化的章節就在這邊告一段落，不管是資料科學家或者機器學習科學家一定要使用探索性資料分析或者拿模型結果去跟老闆溝通（Let the data speak）。好的資料視覺化也會讓你們之間的溝通更加順暢，特別是對於一些非資料相關的背景，通常拿一些視覺化後的圖表去討論，也能讓老闆更快的進入狀況。

CHAPTER

05

深度神經網路（Deep Neural Network）

一般來説，學習深度學習都會從最簡單的線性迴歸（Linear Regression）開始，因為每一個神經元（Neuron）可說是從線性迴歸演化而來。在實務上，當我們手上　個數值預測的專案，像是：股價、人數……等。就可以嘗試優先使用簡單的線性迴歸或者羅吉斯回歸（Logistic Regression）來使用。它除了模型簡易且可解釋（Explainable）。因此，會被做為第一個嘗試的模型，或者稱之為基準模型（Baseline）。然而，現在很多預測專案或者 Kaggle 預測競賽。大多都是直接使用 XGBoost、Random Forest 等模型預測做為第一個嘗試。此外，這個模型有許多優點，可以減少部分資料前處理工作、速度快、且效果也都很好。

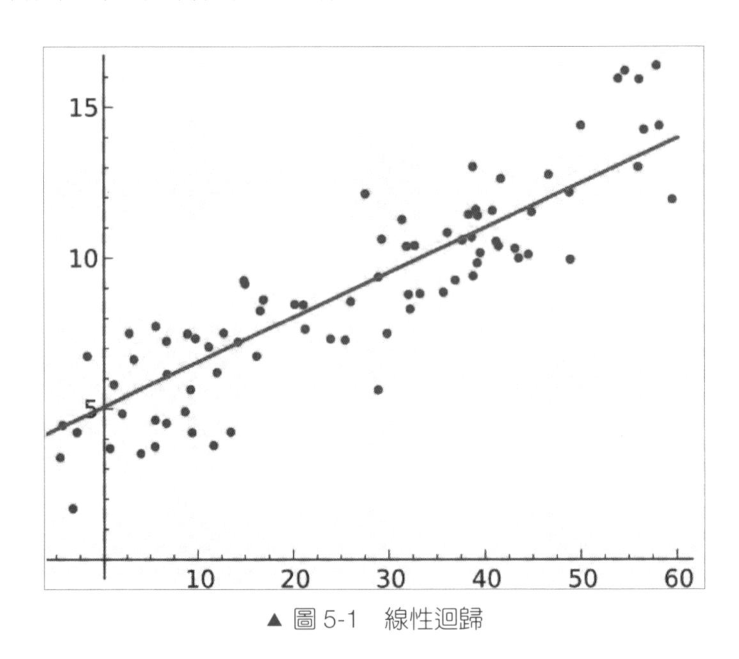

▲ 圖 5-1　線性迴歸

5-1 線性迴歸（Regression）

簡單來說，找出符合資料規律的直線，即為線性迴歸。線性迴歸主要利用自變數（X）來預測依變數（Y）。一般來說，線性回歸有許多方式求解，像是一般在大學或高中有學過公式解。其中公式解其實就利用最小平方法來求解。而最小平方法其目的就是希望透過觀察值與預測值差異的平方和最小化。因此透過損失函數（Loss function）的設定及微分求導，可以得到一般所看到的公式解。但當資料太大時，公式解可能就不會是一個有效率的解法，因此，一般來說都會改用梯度下降法（Gradient descent）求解找出最佳的權重。這一節，會使用 Tensroflow 來時做一個簡單的線性迴歸。

5-1-1 簡單線性迴歸（Simple Linear Regression）

簡單線性迴歸就是在二維平面上找出一個，能代表資料的一條直線。首先，我們製造一些隨機的資料，及定義權重跟誤差。透過下面程式，可將權重（斜率）設定為 10，誤差設定為 5。然後神經網路的學習權重隨機產生，誤差設定為 0。

```
X = np.random.rand(n_samples).astype(np.float32)
Y = X * 10 + 5
W = tf.Variable(tf.random.normal([1]))
b = tf.Variable(tf.zeros([1]))
```

透過上述的設定，也表示著這樣的設定，等等所跑出來神經網路學的權重以及誤差需要非常接近 10 和 5 才能說這個線性迴歸是有成功學習。接下來定義線性迴歸以及其損失函數。

$$Target:\ y = aX + b$$

$$Loss:\ \frac{1}{n}\sum_{i=1}^{n}(x_i - \overline{x})^2$$

▲ 圖 5-2　損失函數

透過上面函數，我們可以定義兩個 function，並對應到上述的目標函式（Target function）以及損失函式，如下列程式：

```
# Linear regression (Wx + b).
def linear_regression(x):
     return W * x + b
# Mean square error.

def mean_square(y_pred, y_true):
     return tf.reduce_sum(tf.pow(y_pred-y_true, 2)) / ( n_samples)

# Stochastic Gradient Descent Optimizer.
optimizer = tf.optimizers.SGD(learning_rate)
```

這邊的優化器（Optimizer）使用的是 SGD，Tensorflow 裡面的 API 就有直接包好的隨機梯度下降（Stochasric Gradient Descent）。之後，會在下一節介紹其他常用優化器（例如：Adam）。接下來，我們可以定義如何計算權重的函式

```
# Optimization process.
def run_optimization():
# Wrap computation inside a GradientTape for automatic
differentiation
     with tf.GradientTape() as g:
```

```
        pred = linear_regression(X)
        loss = mean_square(pred, Y)
# Compute gradients.
        gradients = g.gradient(loss, [W, b])
# Update W and b following gradients.
      optimizer.apply_gradients(zip(gradients, [W, b]))
```

這邊我們會使用之前所說的 `tf.GradientTape`。這個 API 自動幫您求導 gradient，可說是相當方便。以下圖範例程式為例，可以直接計算目標函式的微分，相當於計算梯度。

```
[4] x = tf.Variable([1.0])

    with tf.GradientTape() as tape:
      loss = x*x + 2*x + 1
    grad = tape.gradient(loss,x)
    print(grad)

    tf.Tensor([4.], shape=(1,), dtype=float32)
```

▲ 圖 5-3 計算微分

定義完上述必要函式，接下來就可以直接運行整個線性迴歸模型：

```
# Run training for the given number of steps.
for step in range(1, training_steps + 1):
# Run the optimization to update W and b values.
      run_optimization()
      if step % display_step == 0:
         pred = linear_regression(X)
         loss = mean_square(pred, Y)
         print("step: %i, loss: %f, W: %f, b: %f" % (step, loss,
W.numpy(), b.numpy()))
```

```
[9] # Run training for the given number of steps.
    for step in range(1, training_steps + 1):
        # Run the optimization to update W and b values.
        run_optimization()

        if step % display_step == 0:
            pred = linear_regression(X)
            loss = mean_square(pred, Y)
            print("step: %i, loss: %f, W: %f, b: %f" % (step, loss, W.numpy(), b.numpy()))

    step: 100, loss: 0.157106, W: 8.533648, b: 5.672447
    step: 200, loss: 0.013838, W: 9.564813, b: 5.199570
    step: 300, loss: 0.001219, W: 9.870844, b: 5.059229
    step: 400, loss: 0.000107, W: 9.961668, b: 5.017578
    step: 500, loss: 0.000009, W: 9.988626, b: 5.005216
    step: 600, loss: 0.000001, W: 9.996624, b: 5.001548
    step: 700, loss: 0.000000, W: 9.998998, b: 5.000460
    step: 800, loss: 0.000000, W: 9.999699, b: 5.000138
    step: 900, loss: 0.000000, W: 9.999905, b: 5.000043
    step: 1000, loss: 0.000000, W: 9.999962, b: 5.000018
```

▲ 圖 5-4　運行程式

最後，在運行模式時，可以透過簡單的視覺化來看一下模型學習結果。並且透過視覺化圖型（圖 5-5）表現是否與預期相似。

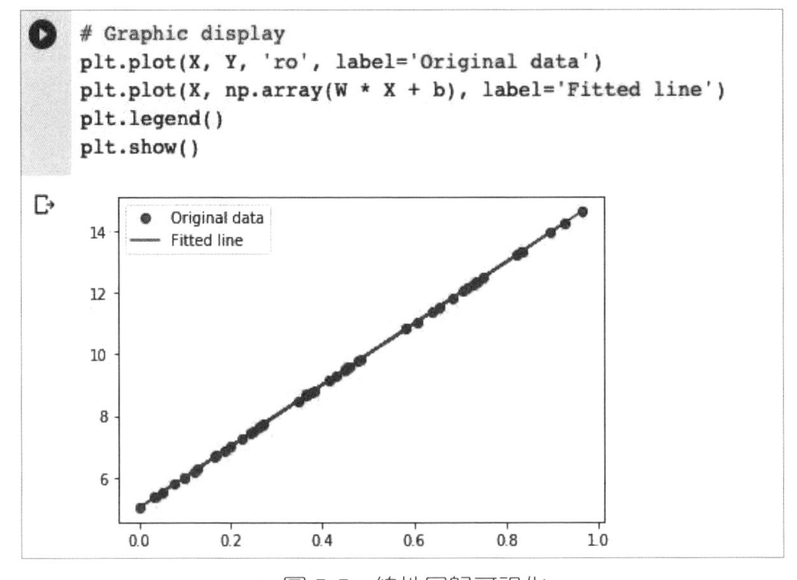

▲ 圖 5-5　線性回歸可視化

5-2 優化器（Optimizer）

上一節說明了如何使用 Tensorflow 建立一個簡單線性迴歸並利用隨機梯度下降法來訓練模型。這一節我們就把優化器的概念一次解釋清楚。之後在訓練自有模型的時候會更清楚了解，如何運作，及除錯模型。這一節主要會說明兩個概念：梯度（Gradient descent）以及優化器。

5-2-1 什麼是梯度 (Gradient)?

GD（Gradient Descent）主要是透過對損失函數進行偏微分等方法，找出最佳的參數，是一個最佳化的方法。簡單來說就是透過微積分找極端值求出微分等於 0 的解。而 什麼他會被稱為梯度下降法，因為這個方法會沿著梯度的反方向走，找出最小值。也因為梯度下降法應用於各種深度學習或者機器學習的方法。所以一般來說，目標函數均必須可微分的。

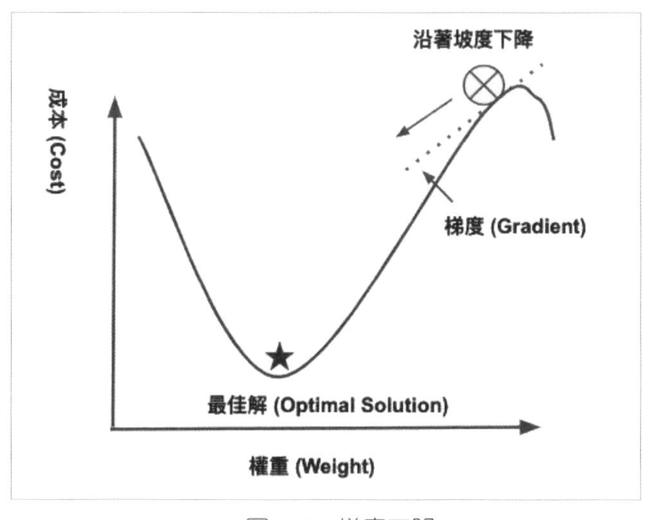

▲ 圖 5-6　梯度下降

接下來，我們可以將梯度下降的更新權重公式描述如下：

$$x^{(t+1)} = x^t - \alpha \nabla f(x^t)$$

每次的更新可視為此次參數減掉學習率（Learning rate）乘上梯度。t 為第 t 次更新參數 α 為學習率。

學習率用以控制每次要更新的大小。因此學習率的設定對於訓練模型速度與優劣相當重要，可以搭配下圖來解釋。假如學習率設太大，一次跨步的距離太大，很有可能從這個山頭，直接跳到另外一個山頭。但若設太小，有時候就像樹懶一樣，雖然最終會達到目的地，但是學習速度非常緩慢。因此，針對學習率調整有許多方法，一般來說，在一個整個訓練過程的初期階段學習率要比較大，當模型訓練越到後面學習率需逐漸變小，開始 " 地毯式 " 的搜尋，直到找到最小值。

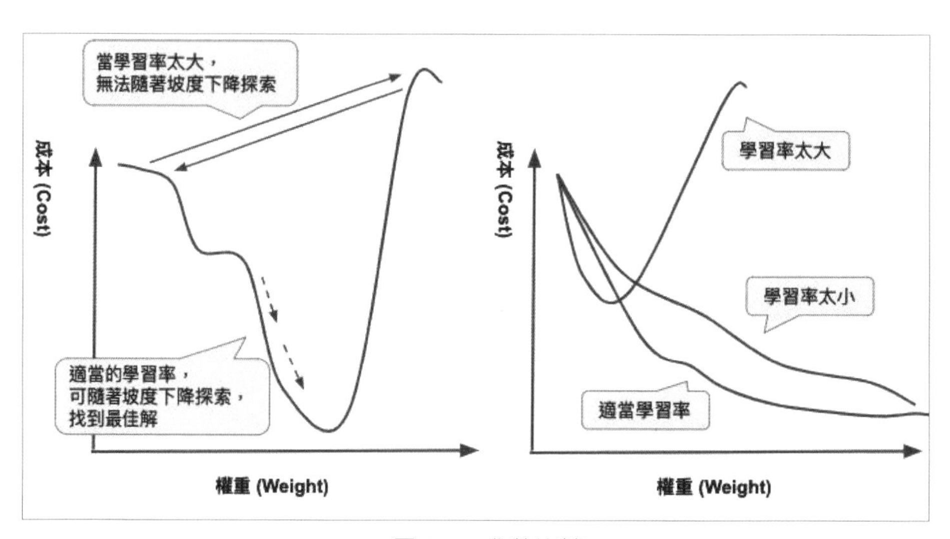

▲ 圖 5-7　參數比較

5-2-2 優化器（Optimizer）

透過上述的討論，我們理解到，參數應需要隨著訓練模型時間增加而有所改變。因此有許多研究該如何優化公式讓訓練結果能更好，接下來會介紹一些常見的優化器。包含：Adagrad, RMSprop 跟最常用的 Adam。

Adagrad

為了要解決學習率隨著訓練時間而遞減，因此，研究一些方法去改變更新權重的公式，讓學習率可以隨著時間針對某種要素而改變。Adagrad 主要概念就是將學習率除以過去所有梯度的平方和。其運算過程如圖 5-8：

Adagrad

$$w^1 = w^0 - \frac{lr}{\sigma^0} g^0 \qquad \sigma^0 = \sqrt{(g^0)^2}$$

$$w^2 = w^1 - \frac{lr}{\sigma^1} g^1 \qquad \sigma^1 = \sqrt{\frac{1}{2}[(g^0)^2 + (g^1)^2]}$$

$$w^3 = w^2 - \frac{lr}{\sigma^2} g^2 \qquad \sigma^2 = \sqrt{\frac{1}{3}[(g^0)^2 + (g^1)^2 + (g^2)^2]}$$

▲ 圖 5-8　Adagrad 更新公式

RMSProp

Adagrad 存在一些缺點。例如，隨著模型訓練的過程，過去梯度裡應來講重要性要越來越低，新的梯度重要性相對要較高（類似衰退的概念），若是同等平方相加，就無法得知梯度的重要性，因此在 RMSProp 裡面就有加入時間的概念，如圖 5-9 公式所示：

RMSProp

$$w^1 = w^0 - \frac{lr}{\sigma^0} g^0 \qquad \sigma^0 = g^0$$

$$w^2 = w^1 - \frac{lr}{\sigma^1} g^1 \qquad \sigma^1 = \sqrt{\lambda(g^0)^2 + (1-\lambda)(g^1)^2}$$

$$w^3 = w^2 - \frac{lr}{\sigma^2} g^2 \qquad \sigma^2 = \sqrt{\lambda(g^1)^2 + (1-\lambda)(g^2)^2}$$

▲ 圖 5-9　RMSProp

Adam

Adam 就是 RMSprop 與 Momentum 結合。一般來說，不管在 DNN，CNN 等等都會先使用 Adam 做為預設的優化器。而什麼是 Momentum 呢？在跑 DNN 或者 CNN 的時候，時常會看到一個學習率以外的參數叫 Momentum，大家可能會有疑惑想說 Momentum 是什麼東西？賣球鞋品牌？ Momentum 簡單來說就是動量，若動量這個參數調的適當，他除了可以增快學習速度，也可以透過動量可以讓梯度下降時在遇到 local minimun 的時候衝過去。簡單來說，就像一顆球在山波上丟下去，當下坡階段，球速度越來約快，你的梯度更新步伐越大，在遇到 Local minimun 時可以透過動量衝過去。但若設定太高，也有可能遇到 Global minimun 時衝過頭。

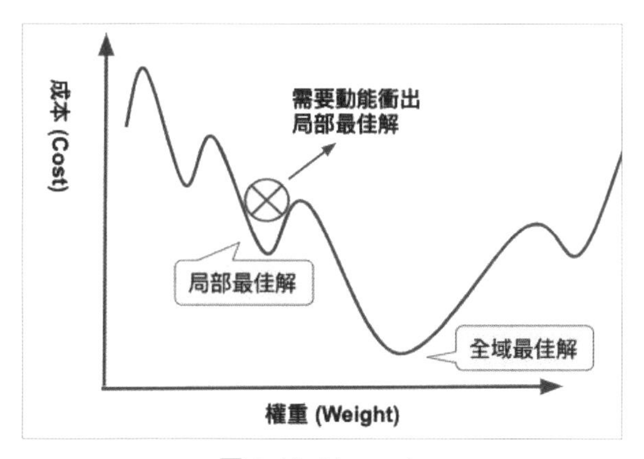

▲ 圖 5-10 Momentum

因此，當加入動量時，梯度的更新公式就會轉變成：

$$V_t = \beta V_{t-1} - \alpha \nabla f(x^t)$$
$$x^{(t+1)} = x^t + V_t$$

一般來說，您在看一些 Tensorflow 的模型裡面，最常看到的最一段，就是把優化器設為 Adam，Tensorflow 已經實做好很多優化器的 API，讀者可以嘗試自己切換優化器來看效果：

```
#optimizer
optimizer = tf.optimizers.Adam(learning_rate)
```

最後介紹一個實務上會使用的方法來幫助訓練模型更有效率與有更佳的結果，預熱（Warm-up）。一般訓練模型會設定一學習率，可設為定值，或自動衰退（Decay），如下圖實線所示，也可根據模型每一步訓練的情形去修正。模型初始化時，若學習率大，模型容易過擬合，經過數個 Epoch 後，可能會修正，也可能不會（掉進局部最小值），此時透過預熱的方式可減少模型訓練初期收斂的效率，最簡單的預熱是將一開始的學習率設定數值為較小的定值，而後期依照原學習率變化的方式繼續訓練模型，如圖 5-11 虛線所示，而圖中的點線是根據實際訓練梯度變化來調整學習率，透過上述預熱方式，可解決模型初始化後訓練不穩定的問題。

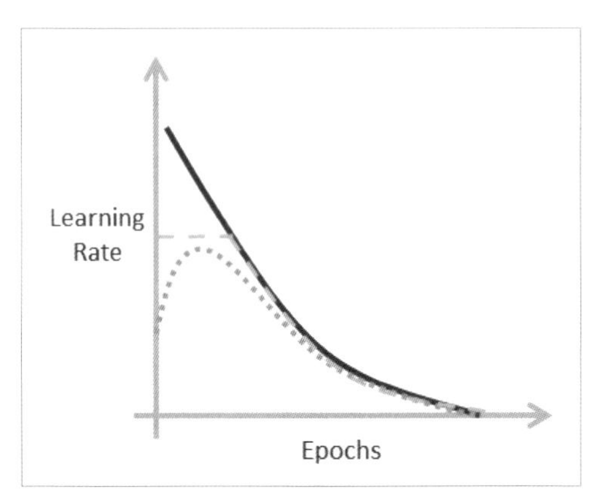

▲ 圖 5-11　學習率與迭代變化

5-3 深度神經網路（Deep Neural Network）

一個神經網路從感知器（Perceptron）開始，感知器是只有一個神經元，其實就像是羅吉斯回歸（Logestic Regression）。而在只有單個神經元下的模型，跑各項資料或者實驗結果會發現複雜度度不夠高，只要稍微複雜的資料，感知器就無法學習。因此大家開始將感知器疊在一起，就有了多層感知器（Multi-layer Perceptron），很接近現在的深度學習網路，後來反向傳播（Backpropagation）也發展出來。但起初大家在使用的時候，都認為"One hidden layer is engough"，三層以上是完全沒有幫助。直到藉由使用 Restricted boltzman machine 針對深度神經網路權重初始化及 GPU 和新的激活函數（Activation function）等等的發明，才讓深度學習再度有突破性的發展。然而深度學習模型的訓練是相當耗資源的，有一句話常被 AI 工程師說戲稱：口袋深度決定，深度學習訓練時間的長度。

以一個神經網絡來說，會有輸入層（Input Layer）、隱藏層（Hidden Layer）以及輸出層（Output Layer）。而一般來說，隱藏層就看你要疊幾層。如果我們再細一點去看，就是以一個神經元（neural）為單位。其中，神經元會被前一層多個神經元所連接，而輸出前會先經過激活函數，確認這個神經元是否開啟或者有值等等。

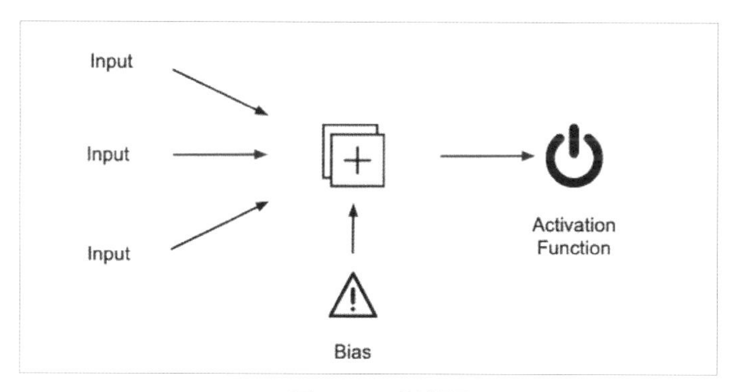

▲ 圖 5-12　神經元

5-3-1 激活函數（Activation Function）

過去不管在使用感知器（Perceptron）或神經網路。主要都是以 sigmoid function 做為激活函數。而 Sigmoid function 被發現當 Model 層數非常深的時候，會造成梯度消失（Gradient Vanishing）。主要是跟他的函式特性有關，當你的梯度不管多大，在放入公式後都會被壓縮在 0 ～ 1 之前。因此當梯度小於 1 時，且不斷相乘（0.8 Ｘ 0.8 Ｘ…）一直乘下去就會導致梯度數值非常小。

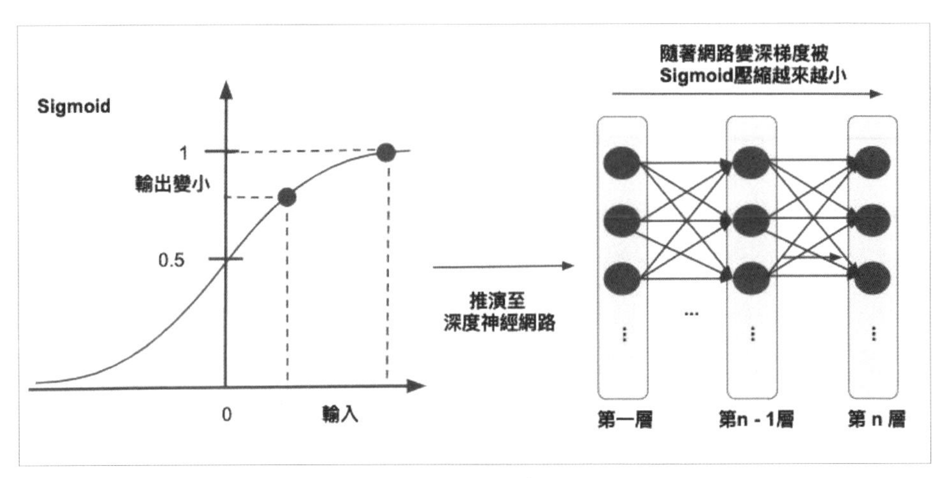

▲ 圖 5-13　梯度消失

因此，Relu 孕育而生，而 Relu 運算很簡單，就是直接輸出本身梯度值，若小於 0 則輸出為 0。Relu 被研究可降低梯度消失且運算又快。但缺點就是可能會造成網路稀疏（Sparse），導致過度學習（Overfitting）（很有可能多個點 Gradient 為 0）。因此後續研究提許多改善 ReLu 的方法，像是 Leaky ReLu、PReLU……等。

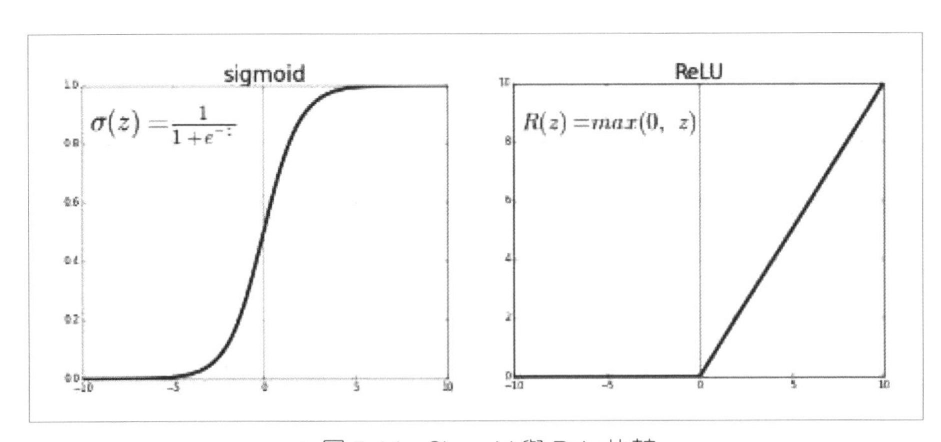

▲ 圖 5-14　Sigmoid 與 Relu 比較

接下來我們來看整個神經網路流程。首先會先正向傳播（Feed forward），將資料輸入，計算權重跟誤差並經過啟動函數。並以這樣的方式經過各層隱藏層。一般來説，一個神經網路也是一個全連接層（Fully Connected Layer）的網路，因此，各個神經元之間都會完全連結。在計算過程，可以直接使用矩陣來做運算或者加速，例如：$activation(W@X+b)$。

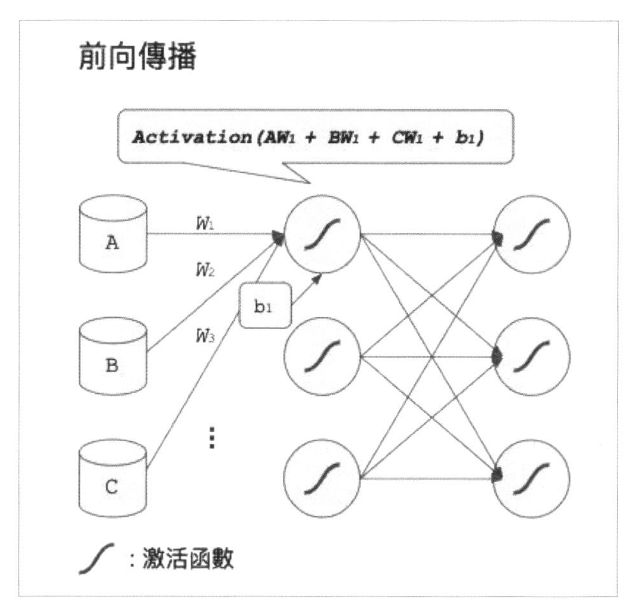

▲ 圖 5-15　全連接正向傳播網路

經過隱藏層後，會到最後的輸出階段，將隨著任務的不同來選擇不同的輸出層損失函數。以下介紹較常見的三種不同任務下的輸出層的損失函數－二元分類、多元分類、數值預測。

1. 二元分類

首先，就要先從 Cross Entrpoy（CE）開始説起，熵（Entropy）主要是去衡量資料的混亂度。若資料越混亂，熵越大。若資料越一致則熵越小。

$$Entropy = P_i \times log_2 \frac{1}{p_i}$$

在分類問題上，會將各類別算出機率與熵，最後在加總計算成 CE

$$CE = \sum_{c=1}^{C} \sum_{i=1}^{N} - y_{c,i} \times log_2(P_{c,i})$$

最常使用在二元分類的損失函數是透過 CE 去推導成二元交叉熵（Binary Cross Entropy）。公式可寫成以下：

$$BCE = \sum_{i=1}^{N} y_i \times log\ y_i + (1 - \hat{y}_i)\ log(1 - \hat{y}_i)$$

2. 多元分類

談到多元分類首先，就要先從 Softmax 函數開始說。Softmax 函數主要是將多類別的預測結果，將預測的類別用機率來表示。

- y_i：預測值
- k：類別數量

$$Softmax = \frac{e^{y_i}}{\sum_{i=0}^{k} e^{y_i}}$$

有 Softmax 函數輸出結果後，接下來在多元類別的任務下，常使用類別交叉熵（Categorical Cross-Entropy）做為損失函數。

- N：樣本數

- m：類別數量
- y_i：實際值
- $\hat{y}_i$：預測值

$$CCE = -\sum_{i=1}^{N} y_{i1} \times log\,\hat{y}_{i1} + y_{i2} \times log\,\hat{y}_{i2} + \ldots + y_{ik} \times log\,\hat{y}_{ik}$$

3. 數值預測

談到回歸問題或者數值預測上，可使用的指標非常多，例如，均方誤差（Mean Squared Error、MSE）或者均方根誤差（Root Mean Squared Error、RMSE）。其中，最常使用的則是，均方誤差以及平均絕對誤差（Mean Absolute Error、MAE)。首先我們先來看這兩個公式：

- N：樣本數
- y_i：實際值
- $\hat{y}_i$：預測值

$$MSE = \frac{\sum_{i=1}^{N}(y_i - \hat{y}_i)^2}{N},$$

$$MAE = \frac{\sum_{i=1}^{N}\left|y_i - \hat{y}_i\right|}{N},$$

兩個同樣都是透過計算實際值與預測值的誤差，其一使用均方，另一使用絕對值。而這兩者所得到的效果有些許不同。由於均方誤差使用平方來計算誤差，因此當誤差較大時，均方誤差所計算出的結果會放大結果，導致均方誤差對極端值相較於平均絕對誤差敏感。而針對求解方面的效果，因為微分的連續性，均方誤差相較於平均絕對誤差較可得到穩定的解。

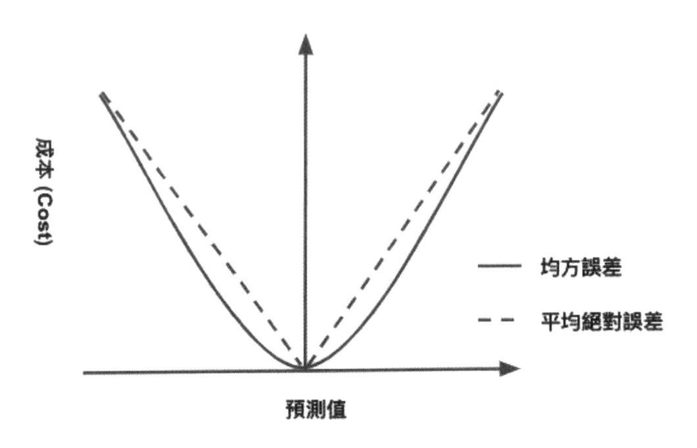

▲ 圖 5-16　均方誤差與平均絕對誤差

透過上述說明，一般來說，常見的二元分類會使用二元交叉熵，多元分類會使用類別交叉熵而回歸問題常使用的則是均方誤差。這僅為常見的或者第一次嘗試是可以使用的損失函數。在選擇損失函數上最後還是要回歸資料的特性，像是在資料不平衡下使用的 focal loss。最後，透過最小化損失，並使用前面所述的梯度下降、優化器，做反向傳播（Backprogation）。利用損失及誤差來更新整個網路的參數，並完成整個模型學習過程。

5-4 深度神經網路－ Lab 1（Data：Airbnb）

在實作深度神經網路上，使用 Kaggle 所提供的資料 - Airbnb 的公開資料。目的是應用深度神經網路來預測 Airbnb 的房價。

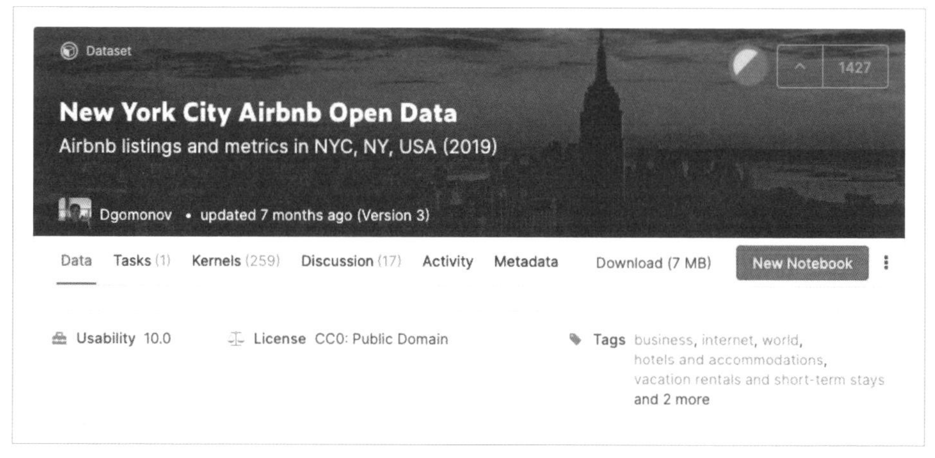

▲ 圖 5-17 Kaggle 上的 Airbnb 資料

首先是資料的部分，若大家有興趣可以透過 Kaggle 去下載 Airbnb 的資料集（也可參考第一章後半部分 Colab 串接 Kaggle 的部分）這個資料集所擁有的特徵包含：房型評價數、所在地、經緯度等等。

這個範例會簡單的利用 TF.keras 的 API 來實作深度神經網路，並用來預測價格，可運用於實務上。例如：當有房型相關資料，可以透過模型推薦房子訂價或者是針對當房子的評價數或者可居住日期等特徵來調整房價，類似智慧訂價的概念。

實作的一開始，會直接使用分析師最常使用的 Pandas 來讀取資料。

```
ny_ab = pd.read_csv('AB_NYC_2019.csv')
ny_ab.head()
```

	id	name	host_id	host_name	neighbourhood_group	neighbourhood	latitude	longitude	room_type	price	minimum_nights	number_of_reviews
0	2539	Clean & quiet apt home by the park	2787	John	Brooklyn	Kensington	40.64749	-73.97237	Private room	149	1	9
1	2595	Skylit Midtown Castle	2845	Jennifer	Manhattan	Midtown	40.75362	-73.98377	Entire home/apt	225	1	45
2	3647	THE VILLAGE OF HARLEM....NEW YORK !	4632	Elisabeth	Manhattan	Harlem	40.80902	-73.94190	Private room	150	3	0
3	3831	Cozy Entire Floor of Brownstone	4869	LisaRoxanne	Brooklyn	Clinton Hill	40.68514	-73.95976	Entire home/apt	89	1	270
4	5022	Entire Apt: Spacious Studio/Loft by central park	7192	Laura	Manhattan	East Harlem	40.79851	-73.94399	Entire home/apt	80	10	9

▲ 圖 5-18　Airbnb 資料

此資料欄位如下：

1. id：房子 ID
2. name：房名
3. host_id：房主 ID
4. host_name：房主名稱
5. neighbourhood_group：房子所在地區 -1（例如：Brooklyn）
6. neighbourhood：房子所在低區 -2（例如：ClintonHill）
7. latitudelatitude：緯度
8. longitudelongitude：經度
9. room_type：房型
10. price：房價
11. minimum_night：最晚天數
12. number_of_reviews：評價數量
13. last_review：最後評價日期

14. reviews_per_month：每月平均評價次數
15. calculated_host_listing：屋主刊登數量
16. availability_365：一年供應天數

接著可以做一些資料前處理，例如：濾除不要的欄位或者補遺漏值。

```
ny_ab.drop(['host_name','name','latitude','longitude',
'last_review','id','host_id'], axis=1, inplace=True)
ny_ab['reviews_per_month'] = ny_ab['reviews_per_month'].fillna(0)
ny_ab.head()
```

針對類別型資料（Categorical data），要透過 One-Hot Encoding 將類別型資料轉成數值型資料並可被運用於模型裡。轉換 One-Hot Encoding 可透過圖 5-19 來表示：

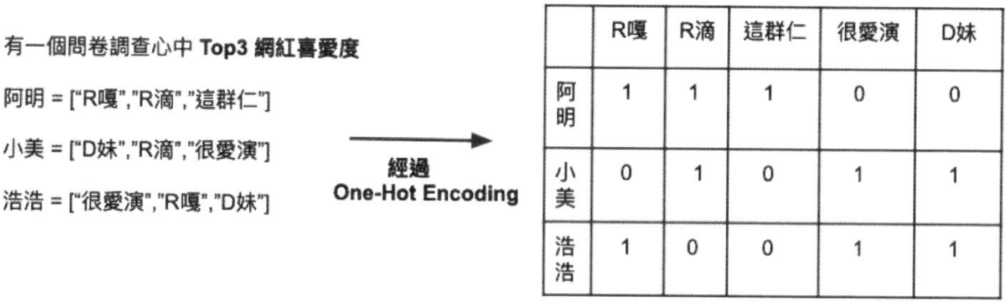

有一個問卷調查心中 Top3 網紅喜愛度

阿明 = ["R嘎","R滴","這群仁"]

小美 = ["D妹","R滴","很愛演"]

浩浩 = ["很愛演","R嘎","D妹"]

經過 One-Hot Encoding →

	R嘎	R滴	這群仁	很愛演	D妹
阿明	1	1	1	0	0
小美	0	1	0	1	1
浩浩	1	0	0	1	1

▲ 圖 5-19　One-Hot Encoding 轉換

而在我們這次的實驗裡，可以透過下列程式將資料的類別型資料轉化成數值型資料。

```
categorical_features = ny_ab.select_dtypes(include=['object'])
categorical_features_one_hot = pd.get_dummies(categorical_features)
categorical_features_one_hot.head()
```

	neighbourhood_group_Bronx	neighbourhood_group_Brooklyn	neighbourhood_group_Manhattan	neighbourhood_group_Queens	neighbourhood_group_Staten Island
0	0	1	0	0	0
1	0	0	1	0	0
2	0	0	1	0	0
3	0	1	0	0	0
4	0	0	1	0	0

5 rows × 229 columns

▲ 圖 5-20　One-Hot encoding

而像是數值型的資料，就要標準化（Normalization）。為什麼要標準化（Normalization），除了可加快訓練時間，主要是讓特徵在相同的數量級（Scale），避免模型訓練時較難收斂。標準化的方法有很多，常用的像是 Max-Min 或者 Normalize（Z transform）等。

$$Max-Min = \frac{x-Min}{Max-Min}$$

```
min_max_scaler = preprocessing.MinMaxScaler()
x_scaled = min_max_scaler.fit_transform(ny_ab[ny_ab.columns
[ny_ab.columns.str.contains('price')==False]])
ny_ab[ny_ab.columns[ny_ab.columns.str.contains('price')==False]]
= x_scaled
```

這邊的話，我們先用最簡單的 train-test split 來驗證（Validation）。一般來說，在模型預測完後，在驗證模型準確度，常會使用 Cross Validation 來驗證（例如：K-Fold）。K-Fold 的概念是，將資料隨機切成 K 等份，將前 K-1 的資料當作訓練資料，剩下那一份作為測試資料。因此在 K-Fold 裡，至少需要做 K 次的驗證。

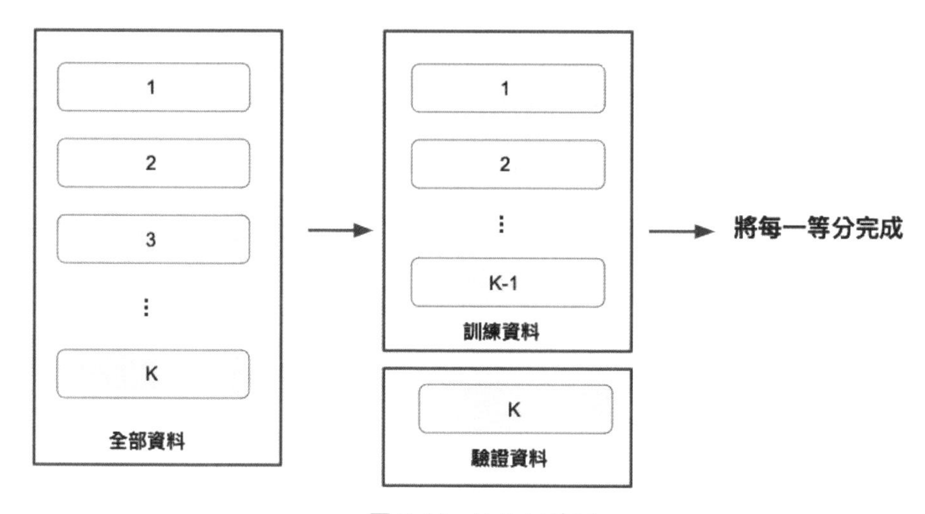

▲ 圖 5-21　K-Fold 表示

而在時間序列型資料就不適合使用前述的方法來驗證。常會使用滾動式（Rolling）的驗證，如圖 5-22：

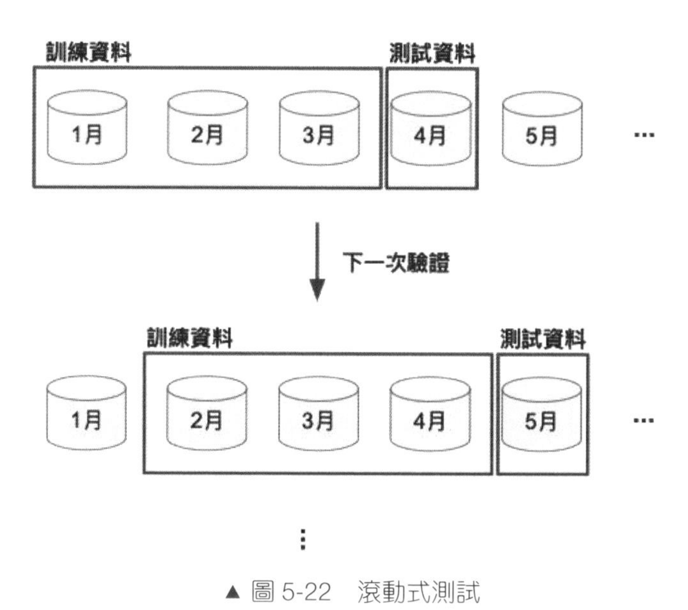

▲ 圖 5-22　滾動式測試

針對實驗的部分，我們使用最簡單的 `train_test_split`。因為這次最快上手且能測試模型的方法。切記在訓練資料的時候，勿將測試資料放入訓練資料集裡。

```
X_train, X_test, y_train, y_test =
train_test_split(ny_ab[ny_ab.columns[ny_ab.columns.str.
contains('price')==False]] , ny_ab['price'] , test_size=0.1,
random_state=42)
```

模型的部分，我們可以直接定義成如下，而因為我們預測的是價格，因此，跟常看到的 cross_entropy 不太一樣，會使用 MSE、MAE 等方法：

```
model = tf.keras.Sequential([
tf.keras.layers.Dense(256,activation=tf.nn.relu),
tf.keras.layers.Dense(128,activation=tf.nn.relu),
tf.keras.layers.Dense(64,activation=tf.nn.relu),
tf.keras.layers.Dense(32,activation=tf.nn.relu),
tf.keras.layers.Dense(16,activation=tf.nn.relu),
tf.keras.layers.Dense(1,activation=tf.nn.relu)
])

model.compile(optimizer='adam',loss='mean_squared_error',
metrics=['mean_squared_error'])

history = model.fit(X_train.values ,y_train.values, epochs=100,
validation_split = 0.1)
```

```
39604/39604 [==============================] - 5s 130us/sample - loss: 45685.0885 - mean_squared_error: 45685.0781 - val_loss: 108385.4786
Epoch 2/100
39604/39604 [==============================] - 5s 114us/sample - loss: 44145.6539 - mean_squared_error: 44145.6367 - val_loss: 109712.5965
Epoch 3/100
39604/39604 [==============================] - 4s 108us/sample - loss: 43802.3234 - mean_squared_error: 43802.3320 - val_loss: 108679.5879
Epoch 4/100
39604/39604 [==============================] - 4s 111us/sample - loss: 43693.5294 - mean_squared_error: 43693.5195 - val_loss: 108292.5304
Epoch 5/100
39604/39604 [==============================] - 4s 113us/sample - loss: 43447.7158 - mean_squared_error: 43447.7109 - val_loss: 108017.0326
Epoch 6/100
39604/39604 [==============================] - 4s 110us/sample - loss: 43218.2897 - mean_squared_error: 43218.2695 - val_loss: 107784.8667
Epoch 7/100
39604/39604 [==============================] - 4s 109us/sample - loss: 43113.9253 - mean_squared_error: 43113.9258 - val_loss: 107785.3426
Epoch 8/100
39604/39604 [==============================] - 4s 109us/sample - loss: 42928.8602 - mean_squared_error: 42928.8359 - val_loss: 107615.6583
Epoch 9/100
39604/39604 [==============================] - 4s 110us/sample - loss: 42847.6918 - mean_squared_error: 42847.6523 - val_loss: 107255.5415
Epoch 10/100
39604/39604 [==============================] - 4s 112us/sample - loss: 42646.4737 - mean_squared_error: 42646.4531 - val_loss: 107974.7695
Epoch 11/100
```

▲ 圖 5-23　訓練過程

訓練完模型，最重要的就是把訓練的 loss 跟驗證的 loss 畫圖並觀察結果是否如您的預期。

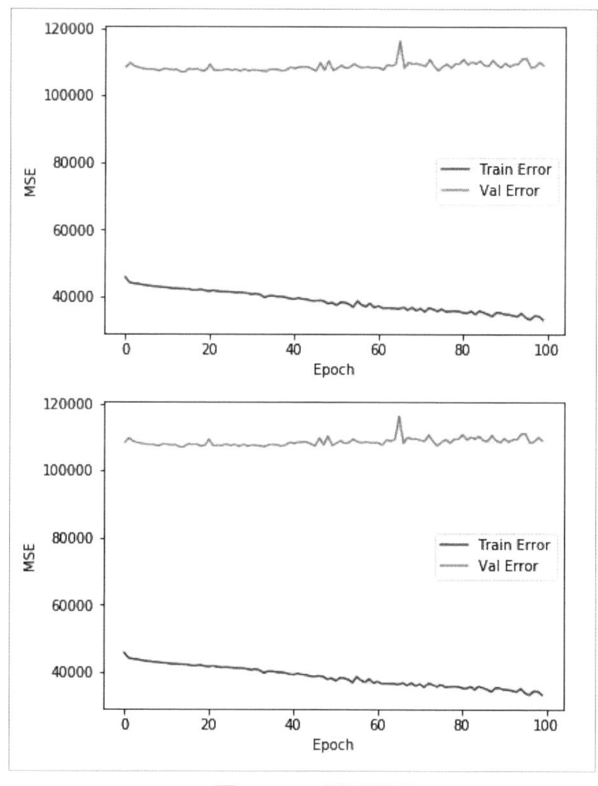

▲ 圖 5-24　訓練過程

這一小章節，透過 tf.Keras 的高階 API，把深度神經網路很輕易的實作過一遍，下一個小章節會說明更進階的用法或者說更貼近 Tensorflow 的用法，也會使用不同的資料集，讓大家可以在較熟的資料集下學習。這次的 Lab 用一個貼近一般 Python 使用者從 Pandas 到 TF。大家看完程式應該會覺得 TF 真的很簡單易用。不用像以前還要寫 `sess.run`，且跟 Python 其它套件也整得越來越好。這次範例，仍可多找一些有效的特徵或者調整參數，在 kaggle 也有許多範例（Kernel）在分析這個資料，若大家有興趣也可以參考那個資料下的範例。

5-5 深度神經網路－ Lab 2（Data：Fashion MNIST）

這個章節的 Lab，會使用更貼近 Tensorflow 的語言來實作深度神經網路。資料下載的部分，會直接使用 Tf.keras.dataset 的 API 來。Tf.keras.dataset 包含有 CIFAR 10、100（彩色圖片）、IMDB 評論情感分析、路透社新聞分類、MNIST 手寫辨識以及這次使用的 Fashion MNIST。

Fashion MNIST

Fashion MNIST 是一個涵蓋 10 個種類的服飾正面灰階圖片（28 X 28），主要為 Zalando 所釋出的資料集，適合用來嘗試各式各樣的模型。而 `TF.keras.dataset` 的 API 已經整理很乾淨。因此，若使用的都可以直接呼叫 API，就可以下載資料集到本機做使用。

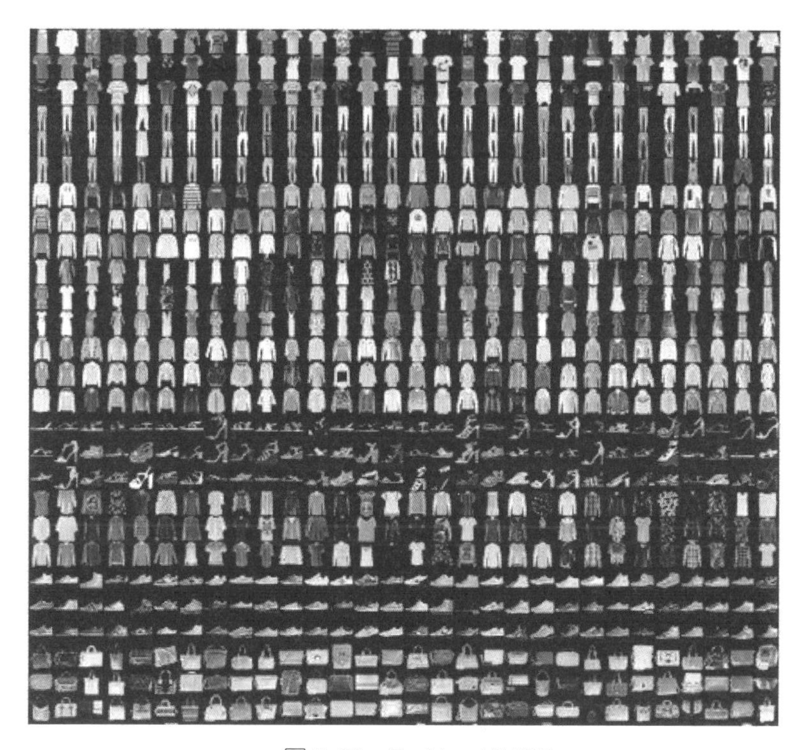

▲ 圖 5-25　Fashion MNIST

首先，我們可以讀取資料以及觀察資料的維度格式：

```
(x,y),(x_test,y_test) = datasets.fashion_mnist.load_data()
print(x.shape,y.shape)
# Output: x -> (60000, 28, 28)  y -> (60000,)
```

在圖像視覺化的部分，可以透過下列程式碼來將 Pixel 畫成圖。

```
plt.figure()
plt.imshow(x[0])
plt.colorbar()
plt.grid(False)
```

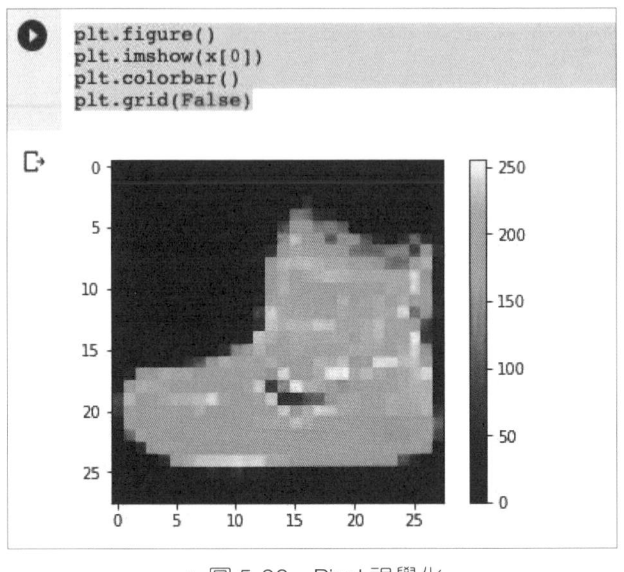

▲ 圖 5-26　Pixel 視覺化

在 TF 2.0，主要 default mode 為 eager execution。因此，主要在讀取資料或者資料上的操作會使用 tf.data 的 API，也是 TF 2.0 重要的一個 feature。透過 tf.data，會更清楚、方便去描述資料流的處理過程。在讀檔案的話，若您的 data 先讀好了，就可以使用像是 `tf.data.Dataset.from_tensors()` 或者 `tf.data.Dataset.from_tensor_slices()` 來轉換，若還沒有的話就可以使用 `tf.data.TFRecordDataset()` 去讀檔案。

```
data = tf.data.Dataset.from_tensor_slices((x,y))
```

讀取完資料後，將會針對資料處理（Transformation）討論，常見的方法就有 map、shuffle、batch 等等。以下就會用這個 dataset 來做簡單的舉例。以 map 這個 API 來說，就是將 Function 套用到 dataset 裡面的每一個元素（Element）。shuffle 的話就是打散整個 dataset，最後在設定你一個 batch 要有多少筆資料。

```
def feature_scale(x,y):
    x = tf.cast(x,dtype=tf.float32)/255.
    y = tf.cast(y,dtype=tf.int32)
    return x,y

data = data.map(feature_scale).shuffle(10000).batch(128)
```

建立好 Dataset 之後，就是將資料迭代化，這是 tf.data API 的特色。建立 Dataset →資料迭代化，就可放進模型。

```
data_iter = iter(data)
samples = next(data_iter)
print(samples[0].shape,samples[1].shape)
```

```
[6] data_iter = iter(data)

[7] samples = next(data_iter)
    print(samples[0].shape,samples[1].shape)

(128, 28, 28) (128,)
```

▲ 圖 5-27　資料迭代

接下來就可以跟上一篇一樣定義模型，以及想使用的優化器

```
model = Sequential([
    layers.Dense(256,activation=tf.nn.relu),
    layers.Dense(128,activation=tf.nn.relu),
    layers.Dense(64,activation=tf.nn.relu),
    layers.Dense(32,activation=tf.nn.relu),
    layers.Dense(10,activation=tf.nn.relu)
])
```

```
model.build(input_shape=[None,28*28])
model.summary()
optimizer = optimizers.Adam(lr=1e-3)
```

```
[8] model = Sequential([
        layers.Dense(256,activation=tf.nn.relu),
        layers.Dense(128,activation=tf.nn.relu),
        layers.Dense(64,activation=tf.nn.relu),
        layers.Dense(32,activation=tf.nn.relu),
        layers.Dense(10,activation=tf.nn.relu)
    ])

[9] model.build(input_shape=[None,28*28])

    model.summary()
    optimizer = optimizers.Adam(lr=1e-3)

    Model: "sequential"
    _________________________________________________________________
    Layer (type)                 Output Shape              Param #
    =================================================================
    dense (Dense)                multiple                  200960
    _________________________________________________________________
    dense_1 (Dense)              multiple                  32896
    _________________________________________________________________
    dense_2 (Dense)              multiple                  8256
    _________________________________________________________________
    dense_3 (Dense)              multiple                  2080
    _________________________________________________________________
    dense_4 (Dense)              multiple                  330
    =================================================================
    Total params: 244,522
    Trainable params: 244,522
    Non-trainable params: 0
    _________________________________________________________________
```

▲ 圖 5-28　模型架構

接下來就是寫您要訓練的次數，每訓練一次都要跑完所有 batch。這邊的部分會使用 TF2.X 主要使用自動計算梯度的方法，這樣在客製化損失函數或者想要改變其他計算的方式的時候也比較容易（例如：客製化 focal loss 來解決資料不平衡的問題）。最後計算出 Loss 後，會使用

`tape.gradient` 將 Loss 傳入計算梯度，最後使用前面所設的優化器來更新權重。

```
for i in range(10):
    for step,(x,y) in enumerate(data):
      x = tf.reshape(x,[-1,28*28])
    with tf.GradientTape() as tape:
      logits = model(x)
      y_one_hot = tf.one_hot(y,depth=10)
      loss = tf.losses.categorical_crossentropy(y_one_hot,
logits,from_logits=True)
      loss = tf.reduce_mean(loss)
    grads = tape.gradient(loss,model.trainable_variables)
    optimizer.apply_gradients(zip(grads,model.trainable_variables))
    if step %100==0:
      print(i,step,'loss:',float(loss))
```

```
0 0 loss: 2.294835090637207
0 100 loss: 0.9589865207672119
0 200 loss: 0.9012205600738525
0 300 loss: 0.7716777324676514
0 400 loss: 0.5933138132095337
1 0 loss: 0.7071888446807861
1 100 loss: 0.6537793874740601
1 200 loss: 0.6194038391113281
1 300 loss: 0.35296180844306946
1 400 loss: 0.2986428737640381
2 0 loss: 0.41851896047592163
2 100 loss: 0.4710457921028137
2 200 loss: 0.20759794116020203
2 300 loss: 0.3794896602630615
2 400 loss: 0.2676364779472351
3 0 loss: 0.24848876893520355
3 100 loss: 0.4161760210990906
3 200 loss: 0.2614879310131073
3 300 loss: 0.33055412769317627
3 400 loss: 0.29682204127311707
```

▲ 圖 5-29　Loss 輸出

最後 test 的部分跟 train 的寫法差不多，主要差在使用 tf.argmax 跟 tf.equal 去計算差異。一個是取預測多類別中最高的預測值，一個是針對是否答案相同做比較。

```
x = tf.reshape(x,[-1,28*28])
gd = model(x)
prob = tf.nn.softmax(gd,axis=1)
pred = tf.argmax(prob,axis=1)
pred = tf.cast(pred,dtype=tf.int32)
correct = tf.equal(pred,y)
result = tf.reduce_sum(tf.cast(correct,dtype=tf.int32))
total_loss += int(result)
```

5-6 總結

這個章節從線性迴歸討論到深度神經網路，並且實作了兩個 Lab。透過這兩個 Lab，讀者應該更能清楚的從簡單到比較困難的 API 的操作方式。若有使用 TF1.X 的讀者，應該更能在 TF2.X 中感受到 Data Pipeline 的概念。

CHAPTER

06

卷積神經網路

（Convolutional Neural Network）

卷積神經網路（Convolutional Neural Network，CNN），是一種神經網路結構，被廣泛使用於類神經網路實現的深度學習模型，在許多實際應用上取得優異的成績，尤其在影像物件識別的領域上表現優異。目前實務上被大量使用的影像辨識，例如：人臉辨識、物件偵測及物件辨識等等。

以往在使用 DNN 做影像辨識的時候，要先將影像相素（Pixel）特徵降維至一維，但在加入 CNN 結構後，可針對圖像中不同的特徵進行擷取，除了參數量減少，在特徵擷取效果都更勝於單純的 DNN 架構，也是一個深度學習模型的突破。而經典的 CNN 模型有：Le-Net、VGG、GoogleNet、ResNet 及 DenseNet 等等。

6-1 CNN

CNN 的架構主要可分為卷積層（Convolution Layer）、池化層（Pooling）、展平（Flatten Layer）及全連接層（Fully Connected Feedfoward Network，FC）。

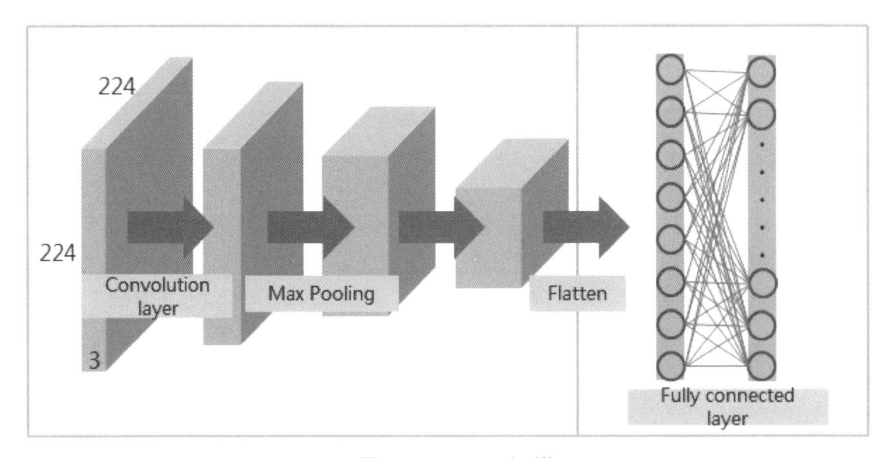

▲ 圖 6-1　CNN 架構

卷積層（Convolution Layer）

當一張彩色圖像（32×32×3）輸入至卷積層時，透過卷積核（Filter 或 Kernel）來擷取圖片特徵，（例如：可偵測圖裡面有沒有圓圈或者正方形），卷積核與圖像中每個區域逐步進行點積相乘，組成的結果稱之為特徵圖（Feature Map）。

假設有一卷積核，其尺寸為 3×3×3，前兩維是卷積核長寬，第三維大小代表圖像是彩色三通道圖像（RGB），若圖像是灰階單通道，則卷積核設定 3×3 即可。接著按照步幅（Stride）設定在原始的圖像或者前一個特徵圖（Feature Map）逐步進行點積，而得到的每個數值即是在特徵圖的一個新元素值，直到擷取完整個圖像區域。不同 Stride 大小代表每多少像素進行一次卷積核點積，假設 Stride ＝ 2，則卷積核會每隔兩個像素才進行一次，若欲減少參數量，可調整 Stride 的大小。

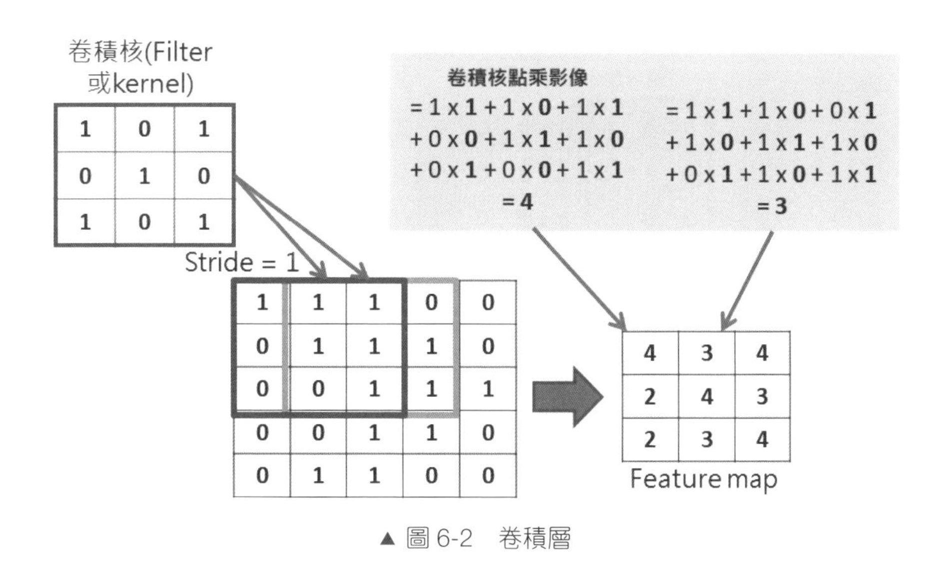

▲ 圖 6-2　卷積層

卷積核的數值代表權重（weight）是透過訓練得到的參數，不同的卷積核可擷取到不同的特徵，像是圖像中形狀的邊、角，同一卷積核經訓練得到的權值，使影像可透過卷積核識別特定的特徵，這又稱作為共享權重（shared weights）

通常經過卷積層後得到的特徵圖尺寸會縮小，若此時想保留原圖尺寸，就會用到一種叫 Padding 的作法，就是在卷積前將圖像外圍先補上外框。假設都補 0，又叫做 Zero Padding，如下圖 6.3 所示，原圖上像會增加一黑色外框，也可補上與原外框相近的值。透過這種方式卷積後的特徵圖會保持原圖像的大小，這也稱為 Same Padding。

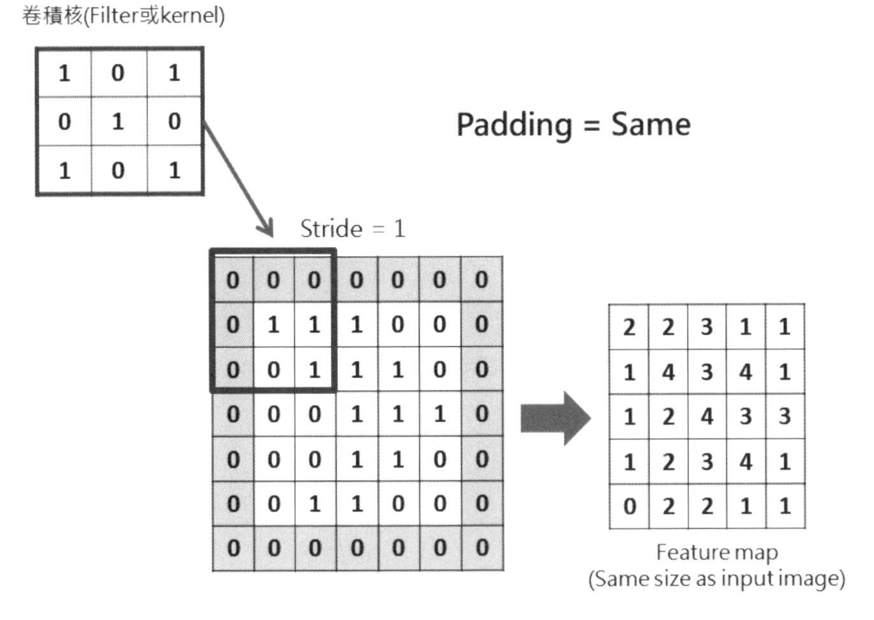

▲ 圖 6-3　Zero Padding（Same）

池化層（Pooling Layer）

池化層可分為平均池化（Average Pooling）與極大值池化（Max Pooling），其目的是因為圖像上每一像素點的周圍，數值很近似，因此透過卷積層擷取的特徵且更進一步的降維，不僅可保留原特徵的資訊，也可減少運算量，如圖 6-4 所示：

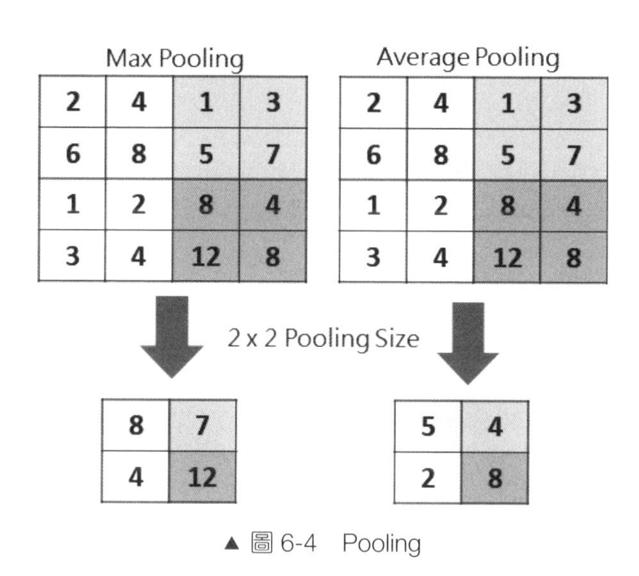

▲ 圖 6-4　Pooling

展平（Flatten Layer）

最後連接全連接層前，要先將池化層輸出展平以符合輸入全連接層的資料維度。

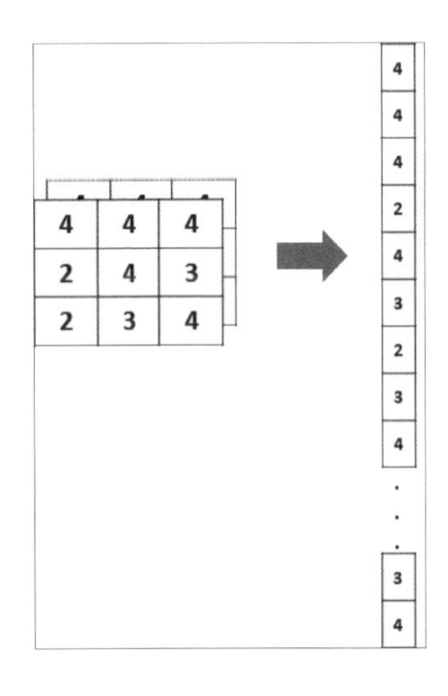


```
[8]  a = np.array([[1,2,3],[4,5,6],[7,8,9]])
     a

     array([[1, 2, 3],
            [4, 5, 6],
            [7, 8, 9]])

[9]  a.flatten()

     array([1, 2, 3, 4, 5, 6, 7, 8, 9])
```

▲ 圖 6-5　Flatten

通常 CNN 主要的作用為特徵擷取，透過連接其他神經網路以達到不同的應用。

上述卷積神經網路主要可歸納為三個特點：

- 感知區域（Receptive field）：
  利用三維的圖像資料（長、寬、RGB）與神經元連接，由於隱含層的神經元僅與原本圖像的某塊區域連結，而將該區塊稱為感知區域(Receptive field)。

- 局部連接層（Local Connected Layer）：
  傳統神經網路會直接使用全連接層對圖像操作，而 CNN 則是利用卷積核的方式針對局部的數值連接進行資料擷取。

- 共享權重（Shared weights）：
  在 CNN 同一個卷積核會對整個圖像進行特徵擷取，因為經過訓練的卷積核權重屬於同一個特徵圖，這組權重為整個特徵圖共享的。

接下來我們將會透過一個簡單的 Lab 來實作 CNN。近期全世界受到新冠肺炎（Convid -19）所影響，全球疫情大爆發。不僅是經濟受影響，甚至許多人的生命。而此時，我們則能思考 AI 能夠如何協助抵抗疫情。其中，X 光的 AI 影像辨識則是其中一個能協助疫情的技術。這個 Lab 將會使用開源的肺炎 X 光資料集（非新冠肺炎 X 光）來執行 CNN 的影像辨識。此資料集由 Daniel Kermany、Kang Zhang、Michael Goldbaum 所貢獻。並可於 Kaggle 下載做使用。

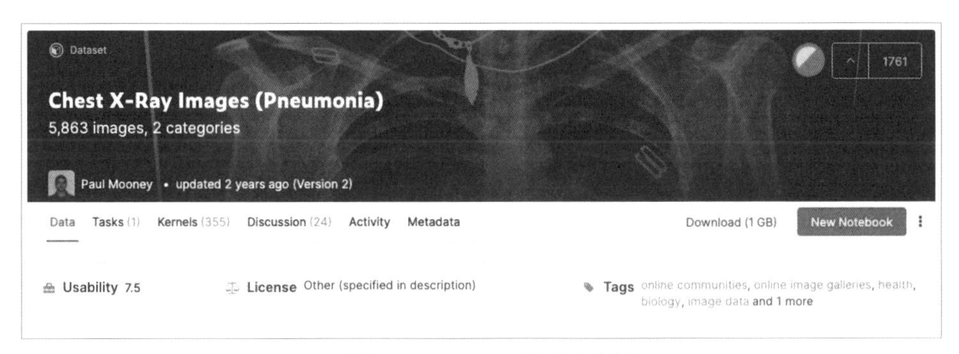

▲ 圖 6-6　Kaggle 肺炎資料集

在這個資料集裡，已將正常 X 光與有得肺炎的 X 光分成不同資料夾。並且已切好 Train / Test / Validaition。首先，可以先將資料畫出來確認資料長相，如下面範例程式：

```
normal_calss =
load_img('chest_xray/chest_xray/train/NORMAL/IM-0115-0001.jpeg')
plt.imshow(normal_calss)
plt.show()
```

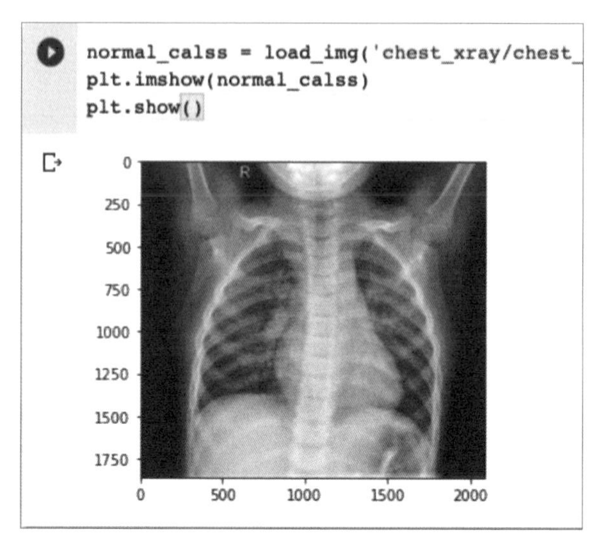

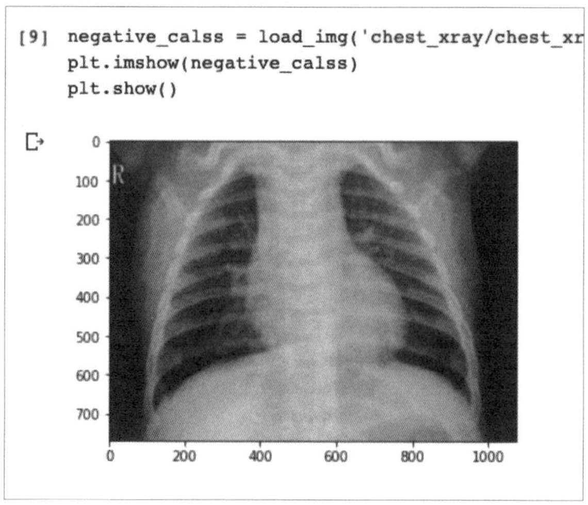

▲ 圖 6-7　正常與肺炎 X 光

針對已經切好訓練、測試資料集放到相對應的路徑下。在載入資料時，可以直接使用 Tensorflow 的高階 API - `flow_from_directory` 針對路徑進行載入。此外也可以使用（轉成程式格式）來對影像做前處理（例如：重新縮放、資料增強）。

```
train_dir = 'chest_xray/chest_xray/train'
val_dir ='chest_xray/chest_xray/val'
test_dir = 'chest_xray/chest_xray/test'

train_gen = ImageDataGenerator(
   rescale=1. / 255,
   horizontal_flip=True)
test_gen = ImageDataGenerator(
   rescale=1. / 255)
val_gen = ImageDataGenerator(
   rescale=1. / 255)

traindata_gen = train_gen.flow_from_directory(
   train_dir,
   target_size=(150, 150),
   batch_size=16,
   class_mode='binary')
testdata_gen = test_gen.flow_from_directory(
   test_dir,
   target_size=(150, 150),
   batch_size=16,
   class_mode='binary')
valdata_gen = val_gen.flow_from_directory(
   val_dir,
   target_size=(150, 150),
   batch_size=16,
   class_mode='binary')
```

執行模型的部分，可以透過 Sequential 直接定義一個最簡易的 CNN 如下面所示：

```
model = Sequential()
model.add(Conv2D(32, (3, 3), input_shape=input_shape))
```

```
model.add(Activation('relu'))
model.add(MaxPooling2D(pool_size=(2, 2)))
model.add(Conv2D(16, (3, 3)))
model.add(Activation('relu'))
model.add(MaxPooling2D(pool_size=(2, 2)))
model.add(Flatten())
model.add(Dense(16))
model.add(Activation('relu'))
model.add(Dropout(0.5))
model.add(Dense(1))
model.add(Activation('sigmoid'))
```

```
Model: "sequential"
_________________________________________________________________
Layer (type)                 Output Shape              Param #
=================================================================
conv2d (Conv2D)              (None, 148, 148, 32)      896
_________________________________________________________________
activation (Activation)      (None, 148, 148, 32)      0
_________________________________________________________________
max_pooling2d (MaxPooling2D) (None, 74, 74, 32)        0
_________________________________________________________________
conv2d_1 (Conv2D)            (None, 72, 72, 16)        4624
_________________________________________________________________
activation_1 (Activation)    (None, 72, 72, 16)        0
_________________________________________________________________
max_pooling2d_1 (MaxPooling2 (None, 36, 36, 16)        0
_________________________________________________________________
flatten (Flatten)            (None, 20736)             0
_________________________________________________________________
dense (Dense)                (None, 16)                331792
_________________________________________________________________
activation_2 (Activation)    (None, 16)                0
_________________________________________________________________
dropout (Dropout)            (None, 16)                0
_________________________________________________________________
dense_1 (Dense)              (None, 1)                 17
_________________________________________________________________
activation_3 (Activation)    (None, 1)                 0
=================================================================
Total params: 337,329
Trainable params: 337,329
Non-trainable params: 0
_________________________________________________________________
```

▲ 圖 6-8　簡易 CNN 模型

最後可以直接使用 `model.fit_generator` 訓練模型，這樣我們就完成一個簡易的肺炎 X 光影像辨識。

```
model.fit_generator(
    traindata_gen,
    steps_per_epoch=5216 // 16,
    epochs=10,
    validation_data=valdata_gen,
    validation_steps=624 // 16)

WARNING:tensorflow:From <ipython-input-16-4af3ecb7bf65>:6: Model.fit_generator (from tensorflow.python.keras.engine.training) is depreca
Instructions for updating:
Please use Model.fit, which supports generators.
Epoch 1/10
326/326 [==============================] - 56s 171ms/step - loss: 0.4344 - accuracy: 0.7582 - val_loss: 0.8681 - val_accuracy: 0.6250
Epoch 2/10
326/326 [==============================] - 56s 171ms/step - loss: 0.3164 - accuracy: 0.8750 - val_loss: 0.6724 - val_accuracy: 0.7500
Epoch 3/10
326/326 [==============================] - 55s 170ms/step - loss: 0.2627 - accuracy: 0.9049 - val_loss: 0.4126 - val_accuracy: 0.9375
Epoch 4/10
326/326 [==============================] - 55s 169ms/step - loss: 0.2503 - accuracy: 0.9099 - val_loss: 0.3855 - val_accuracy: 0.8750
Epoch 5/10
326/326 [==============================] - 56s 170ms/step - loss: 0.2512 - accuracy: 0.9030 - val_loss: 0.4019 - val_accuracy: 0.8125
Epoch 6/10
326/326 [==============================] - 55s 170ms/step - loss: 0.2414 - accuracy: 0.9084 - val_loss: 0.4760 - val_accuracy: 0.8125
Epoch 7/10
326/326 [==============================] - 55s 170ms/step - loss: 0.2345 - accuracy: 0.9084 - val_loss: 0.3365 - val_accuracy: 0.8750
Epoch 8/10
326/326 [==============================] - 56s 171ms/step - loss: 0.2217 - accuracy: 0.9181 - val_loss: 0.2917 - val_accuracy: 0.9375
Epoch 9/10
326/326 [==============================] - 56s 171ms/step - loss: 0.2142 - accuracy: 0.9151 - val_loss: 0.2035 - val_accuracy: 0.9375
Epoch 10/10
326/326 [==============================] - 56s 172ms/step - loss: 0.2013 - accuracy: 0.9231 - val_loss: 0.1635 - val_accuracy: 1.0000
<tensorflow.python.keras.callbacks.History at 0x7f32ae260128>
```

▲ 圖 6-9　訓練過程

接下來會介紹著名 CNN 模型的理論基礎並搭配 Colab 進行實作，依序分為 VGG、ResNet 以及 GoogleNet (Inception)。

6-2 VGG

VGG 是英國牛津大學的 Visual Geometry Group 所提出的深層 CNN 模型，VGG 提出的概念是使用大量卷積層 3x3 卷積核、Stride = 1 以及 2x2 Max Pooling、Stride = 2 的，文獻提到小尺寸的卷積層可以提高所擷取的資訊量，以替代大尺寸卷積層。舉例來說，若使用的 7x7 的卷積核，透過 3 個 3x3 的卷積核或是使用的 5x5 的卷積核，可用 2 個 3x3 的卷積核來取代，優點是多層結構可提高模型非線性的。此外還提出使用資料增量（Data Augmentation），例如：Multiple Scale training，將兩種方式合併使用，建構一個更深且結果穩定的神經網路。

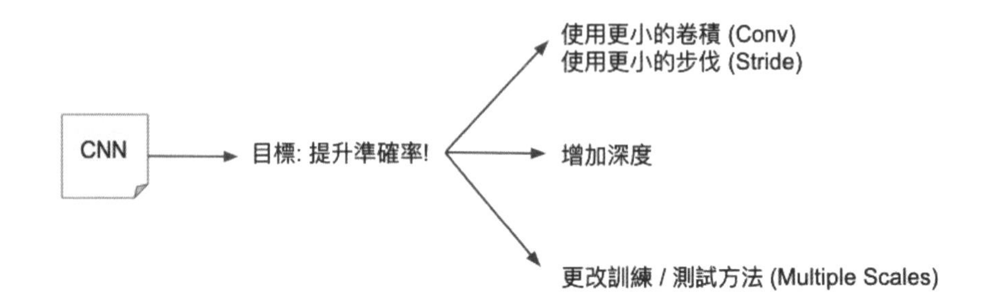

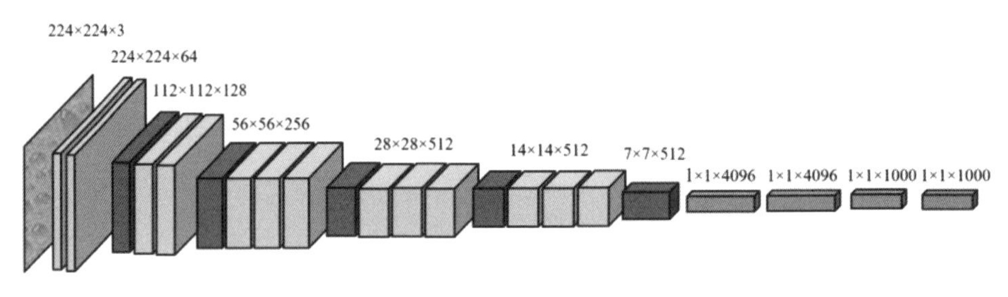

▲ 圖 6-10　VGG 模型架構圖

6-2-1 VGG 的核心概念

1. 將大卷積核換成小卷積核讓擷取範圍（Receptive Field）提高，也可說是獲得的資訊量提高。從下圖來詳細說明，5x5 的卷積核等於 2 個 3x3 卷積核，輸出皆為 4；7x7 卷積核則是等於 3 個 3x3 卷積核，輸出皆為 2，同時也可以減少參數量。

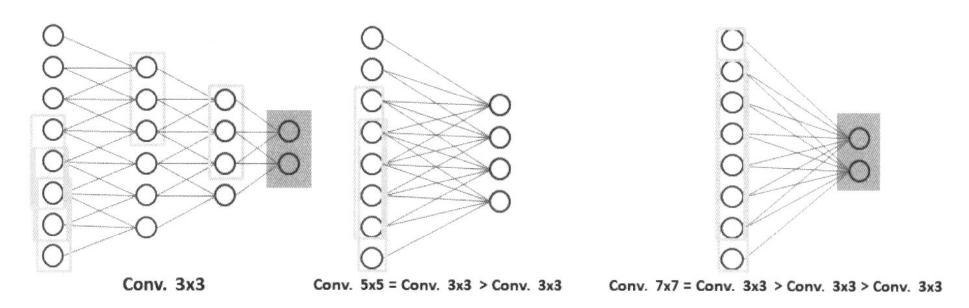

▲ 圖 6-11　5×5 卷積層取代為 2 層 3×3 卷積層（中）、7×7 卷積層取代為 3 層 3×3 卷積層（右）

2. 再加上 2×2 的池化層可獲得更多的資訊量，因此相較 AlexNet 3×3 pooling，VGG 改用小的池化層，並不會重疊（Overlap）。

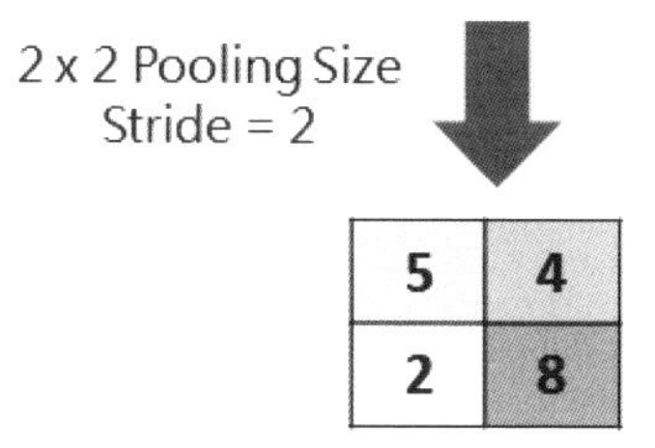

▲ 圖 6-12　2x2 pooling 示意圖

3. VGG 會針對訓練資料與測試資料做不同的處理，訓練的部分使用 Multiple scale training。在每次訓練時，從一個固定的亂數範圍中，隨機選一個數字，並依照數字大小縮放輸入圖像，並隨機剪裁成原圖像的大小。而在測試的部分也使用多個區塊裁減進行預測，將裁減後的資料縮放成原圖像大小，預測左上、右上、左下、右下跟中間，並平均成最後預測結果，提高辨識準確度。

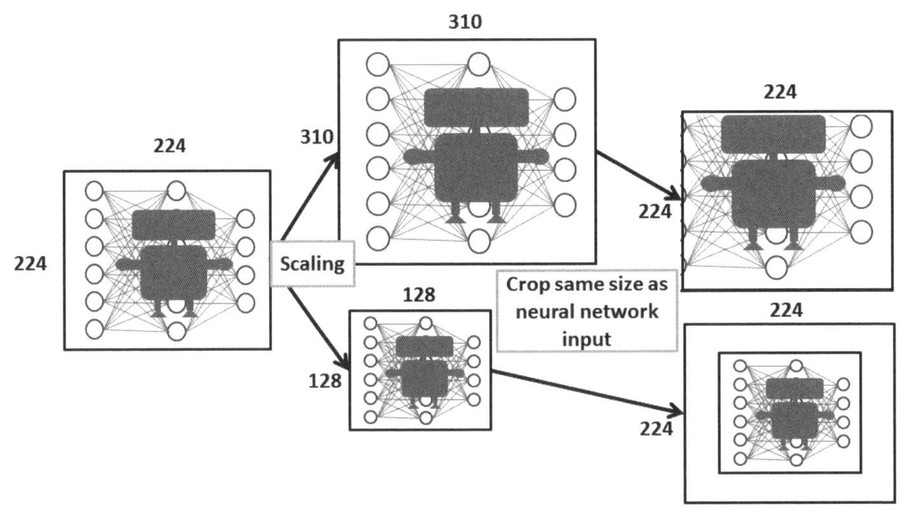

▲ 圖 6-13　Multiple Scale Training/Testing 示意圖

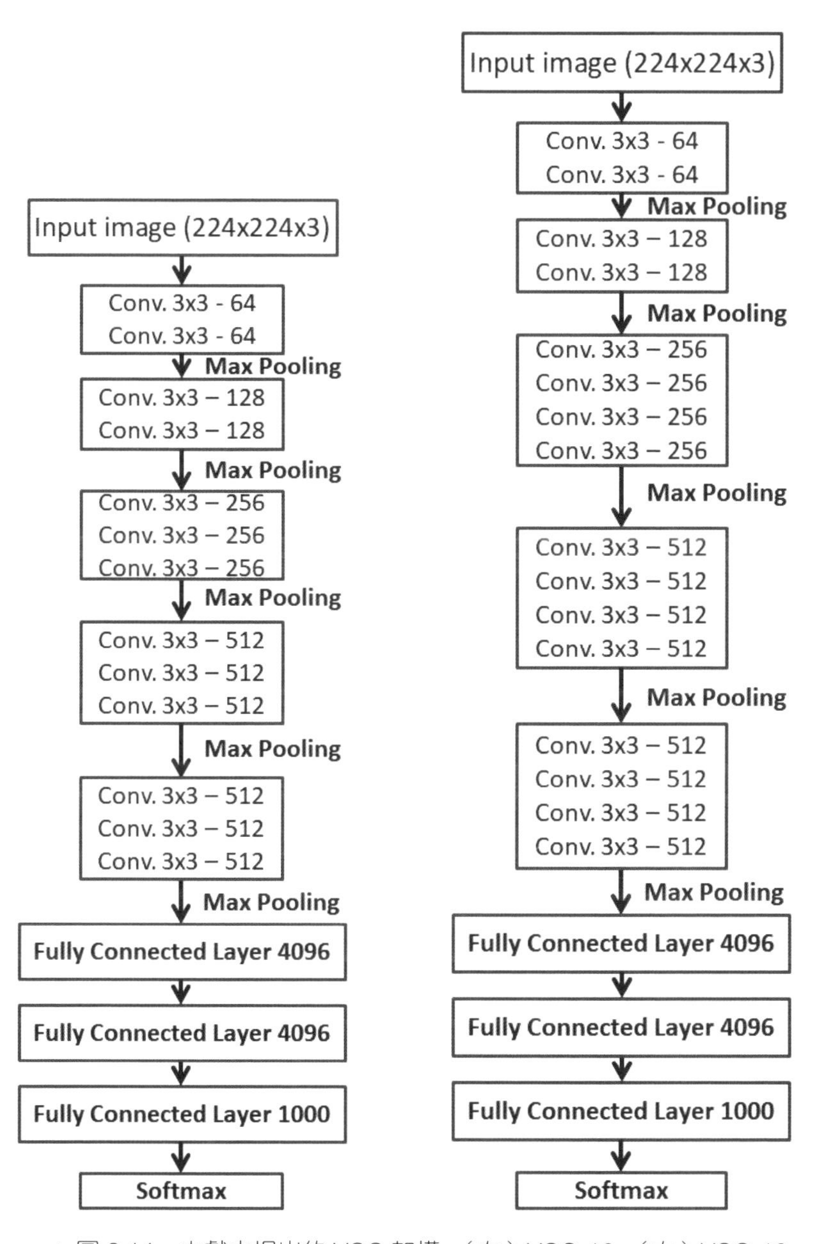

▲ 圖 6.14　文獻中提出的 VGG 架構，（左）VGG-16、（右）VGG-19

6-2-2 VGG - Colab 實作

VGG 模型經典的架構有 VGG16 及 VGG19，分別為 16 層結構（13 個卷積層及 3 個全連接層）與 19 層結構（16 個卷積層及 3 個全連接層）。

本節會以 VGG16 進行實作，首先，直接使用 TF 的 API 來下載資料，並確認資料尺寸及數量。此次實作所使用的資料為 CIFAR 10，CIFAR 10 是由 Alex Krizhevsky、Ilya Sutskever 所彙集釋出的資料集。資料筆數約 6 萬筆，每張為 32 X 32 X 3 解析度的彩色圖像，其中有 5 萬筆為訓練集：1 萬筆為測試集，為影像辨識常用的資料集。

- 匯入 Tensorflow-gpu 模組，若需要安裝可使用。

```
!pip install tensorflow-gpu==2.0.0-beta1
```

- 若不要顯示 Log 輸出 Warning 的訊息，可將“TF_CPP_MIN_LOG_LEVEL”設為“2”。

```
os.environ['TF_CPP_MIN_LOG_LEVEL'] = '2'
```

程式碼：

```
# import required package
import numpy as np
import pandas as pd
from sklearn import preprocessing
import tensorflow as tf
from tensorflow.keras import datasets,layers,optimizers,
Sequential,metrics
import matplotlib.pyplot as plt
```

■ 匯入 Cifar10 資料集，將資料集分成訓練及測試使用，根據資料維度轉換成符合的要求，並確認資料格式。透過 tf.squeeze 可將不需要的資料維度擠壓。

```
(x,y),(x_test,y_test) = datasets.cifar10.load_data()
# Squeeze前的資料維度
print(y.shape,y_test.shape)
# Squeeze後的資料維度
y = tf.squeeze(y,axis=1)
y_test = tf.squeeze(y_test,axis=1)
print(y.shape,y_test.shape)

# 最終轉換後的資料維度
print(x.shape,y.shape)
```

```
(50000, 1) (10000, 1)
(50000,) (10000,)
(50000, 32, 32, 3) (50000,)
```

▲ 圖 6-15　tf.squeeze 範例

■ 試著利用視覺化模組 Matplotlib 將圖像資料輸出，圖 6-16 是一台卡車。

程式碼：

```
plt.figure()
plt.imshow(x[1])
plt.colorbar()
plt.grid(False)
```

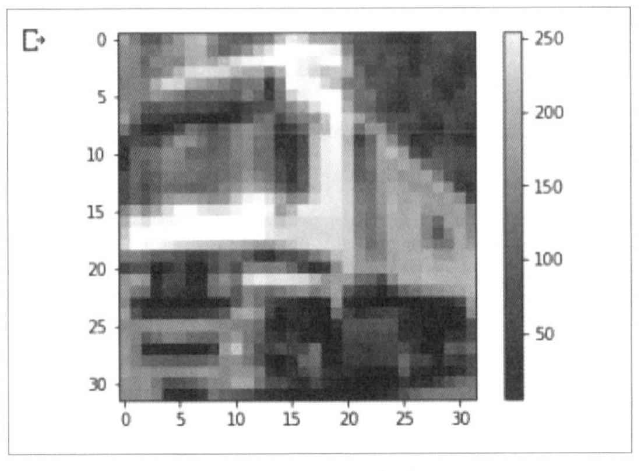

▲ 圖 6-16　卡車

- 將數值均質化（Normalization），降低數值量級的影響。

```
def feature_scale(x,y):
  x = tf.cast(x,dtype=tf.float32)/255.
  y = tf.cast(y,dtype=tf.int32)
  return x,y
```

- 將資料集轉換成 tf.data 的格式。

```
data = tf.data.Dataset.from_tensor_slices((x,y))
```

- 透過 feature_scale 做均值化，並 Shuffle 打亂順序。

```
data.map(feature_map).shuffle(10000)
```

- 此處選用 Batch Size 為 512，若記憶體不夠，可調降 Batch Size。

```
# 做成訓練及測試用資料集
data = tf.data.Dataset.from_tensor_slices((x,y))
data = data.map(feature_scale).shuffle(10000).batch(512)
```

```
data_test = tf.data.Dataset.from_tensor_slices((x_test,y_test))
data_test = data_test.map(feature_scale).batch(512)
```

■ 進行 VGG16 模型的建立，先分為兩部分，CNN 跟 FC。

```
# 利用 keras 建構 VGG16 的隱藏層
vgg_layers_16 = [
#stack1
layers.Conv2D(64,kernel_size=[3,3],padding='same',activation=
tf.nn.relu),
layers.Conv2D(64,kernel_size=[3,3],padding='same',activation=
tf.nn.relu),
layers.MaxPool2D(pool_size=[2,2],strides=2,padding='same'),
#stack2
layers.Conv2D(128,kernel_size=[3,3],padding='same',activation=
tf.nn.relu),
layers.Conv2D(128,kernel_size=[3,3],padding='same',activation=
tf.nn.relu),
layers.MaxPool2D(pool_size=[2,2],strides=2,padding='same'),
#stack3
layers.Conv2D(256,kernel_size=[3,3],padding='same',activation=
tf.nn.relu),
layers.Conv2D(256,kernel_size=[3,3],padding='same',activation=
tf.nn.relu),
layers.Conv2D(256,kernel_size=[1,1],padding='same',activation=
tf.nn.relu),
layers.MaxPool2D(pool_size=[2,2],strides=2,padding='same'),
#stack4
layers.Conv2D(512,kernel_size=[3,3],padding='same',activation=
```

```
tf.nn.relu),
layers.Conv2D(512,kernel_size=[3,3],padding='same',activation=
tf.nn.relu),
layers.Conv2D(512,kernel_size=[1,1],padding='same',activation=
tf.nn.relu),
layers.MaxPool2D(pool_size=[2,2],strides=2,padding='same'),
#stack5
layers.Conv2D(512,kernel_size=[3,3],padding='same',activation=
tf.nn.relu),
layers.Conv2D(512,kernel_size=[3,3],padding='same',activation=
tf.nn.relu),
layers.Conv2D(512,kernel_size=[1,1],padding='same',activation=
tf.nn.relu),
layers.MaxPool2D(pool_size=[2,2],strides=2,padding='same')
]
# 此處全連接層與論文所建置的有所不同，因考量參數量
fc_layers =[
    layers.Dense(256,activation=tf.nn.relu),
    layers.Dense(256,activation=tf.nn.relu),
    layers.Dense(10,activation=None),
]
```

- 初始化 VGG 模型與優化器。

```
# 先建置 VGG16 模型
vgg_16 = Sequential(vgg_layers_16)
vgg_16.build(input_shape=[None,32,32,3])
fc = Sequential(fc_layers)
fc.build(input_shape=[None,512])
# 優化器選擇 Adam
optimizer = optimizers.Adam(lr=1e-3)
```

- 查看 VGG 模型架構。

```
# 查看模型架構
vgg_16.summary()
```

```
Model: "sequential"
_________________________________________________________________
Layer (type)                 Output Shape              Param #
=================================================================
conv2d (Conv2D)              multiple                  1792
_________________________________________________________________
conv2d_1 (Conv2D)            multiple                  36928
_________________________________________________________________
max_pooling2d (MaxPooling2D) multiple                  0
_________________________________________________________________
conv2d_2 (Conv2D)            multiple                  73856
_________________________________________________________________
conv2d_3 (Conv2D)            multiple                  147584
_________________________________________________________________
max_pooling2d_1 (MaxPooling2 multiple                  0
_________________________________________________________________
conv2d_4 (Conv2D)            multiple                  295168
_________________________________________________________________
conv2d_5 (Conv2D)            multiple                  590080
_________________________________________________________________
conv2d_6 (Conv2D)            multiple                  65792
_________________________________________________________________
max_pooling2d_2 (MaxPooling2 multiple                  0
_________________________________________________________________
conv2d_7 (Conv2D)            multiple                  1180160
_________________________________________________________________
conv2d_8 (Conv2D)            multiple                  2359808
_________________________________________________________________
conv2d_9 (Conv2D)            multiple                  262656
_________________________________________________________________
max_pooling2d_3 (MaxPooling2 multiple                  0
_________________________________________________________________
conv2d_10 (Conv2D)           multiple                  2359808
_________________________________________________________________
conv2d_11 (Conv2D)           multiple                  2359808
_________________________________________________________________
conv2d_12 (Conv2D)           multiple                  262656
_________________________________________________________________
max_pooling2d_4 (MaxPooling2 multiple                  0
=================================================================
Total params: 9,996,096
Trainable params: 9,996,096
Non-trainable params: 0
_________________________________________________________________
```

▲ 圖 6-17　VGG 模型

- 訓練時，將 VGG 變數與 FC 變數同時用來計算 Loss 與更新神經網路。

```
EPOCHS = 10
variables = vgg_16.variables + fc.variables
for i in range(EPOCHS):
  for step,(x,y) in enumerate(data):
    with tf.GradientTape() as tape:
      logits = vgg_16(x)
      logits = tf.reshape(logits,[-1,512])
      logits = fc(logits)
      y_one_hot = tf.one_hot(y,depth=10)
      loss = tf.losses.categorical_crossentropy(y_one_hot,logits,
from_logits=True)
      loss = tf.reduce_mean(loss)

    grads = tape.gradient(loss,variables)
    optimizer.apply_gradients(zip(grads,variables))

    # 每 100 步檢查 loss
    if step %100==0:
      print('Epoch: ',i,'\tStep: ',step,'\tloss: ',float(loss))

  total_loss = 0
  total_num=0
  # 每訓練一個 EPOCHS 後用測試資料集驗證準確度
  for x,y in data_test:

    logits = vgg_16(x)
    logits = tf.reshape(logits,[-1,512])

    logits = fc(logits)
```

```
        prob = tf.nn.softmax(logits,axis=1)
        pred = tf.argmax(prob,axis=1)

        pred = tf.cast(pred,dtype=tf.int32)
        correct = tf.equal(pred,y)

        result = tf.reduce_sum(tf.cast(correct,dtype=tf.int32))

        total_loss += int(result)
        total_num += x.shape[0]

    acc = total_loss/total_num
    print('Epoch: ',i,'\tTest accuracy: ',acc)
```

■ 訓練時的輸出結果（Loss 與 Accuracy）。

```
0 0 loss: 2.3025689125061035
0 acc: 0.1033
1 0 loss: 2.3009557723999023
1 acc: 0.2749
2 0 loss: 1.8086334466934204
2 acc: 0.3411
3 0 loss: 1.5960333347320557
3 acc: 0.4431
4 0 loss: 1.3989683389663696
4 acc: 0.5446
5 0 loss: 1.1732897758483887
5 acc: 0.619
6 0 loss: 1.0199530124664307
6 acc: 0.6293
7 0 loss: 1.0361706018447876
7 acc: 0.6647
8 0 loss: 0.8206707835197449
8 acc: 0.69
9 0 loss: 0.7337197661399841
9 acc: 0.6811
```

▲ 圖 6-18　訓練過程

6-3 ResNet

隨著 VGG 越疊越深的成功，頓時間所有研究人員一股腦的把網路堆疊，但卻發現神經網路的層數越疊越深，會導致學習能力下降，此時若不採用其他處理機制，準確度會越來越糟，主要因為層數增加，容易發生像梯度消失或者說退化（Degradation of training accuracy）的問題。梯度消失因為深層網路在梯度反向傳播的過程中其值會逐漸趨近於零，使得訓練時無法持續更新網路的學習能力。而如下圖 6.19，層數增加到一定程度時準確度會逐漸達到飽和而開始下降。

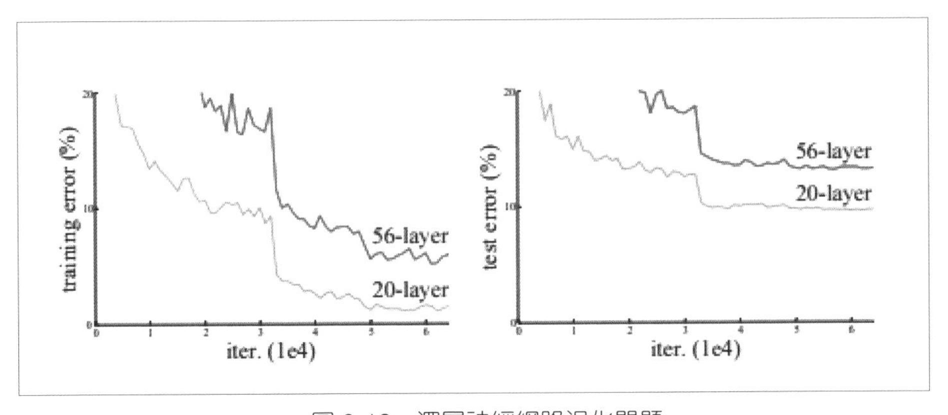

▲ 圖 6-19　深層神經網路退化問題

ResNet 是 2016 年由 Kaimei He 所提出的 CNN 模型，即便層數達到非常深，也較不容易發生上一節所提到的梯度消失與退化問題。其主要概念是假設當層數增加到無法學習到新的特徵時，也可當作每一層都只是重複上一層的結果，這種現象就稱作恆等映射（Identity mapping）。利用這個特性考量經過每一層後的輸出結果 $H(x)$ 與原輸入 x 相減當作殘差 (Residual) $F(x) = H(x) - x$，移項後 $F(x) = H(x) + x$，若殘差 $F(x)$ 為 0，則為恆等映射，這就是 ResNet 的核心觀念 Skip connection 或是 Identity transform，即便在每一層之間訓練沒有進展，在 skip connection 的修正下依然能逐步訓練模型，不會退化，Residual Network 的架構如下圖 6.11 所示，主要就是由卷積層、BatchNormalization、激活函數 (Relu)，然後重複一層，並使用了 Identity transform。簡單來說就是一個捷徑！這個捷徑會跳過當層，直接成為下兩層的激活函數輸入，就是一個 Residual Block 的結構。

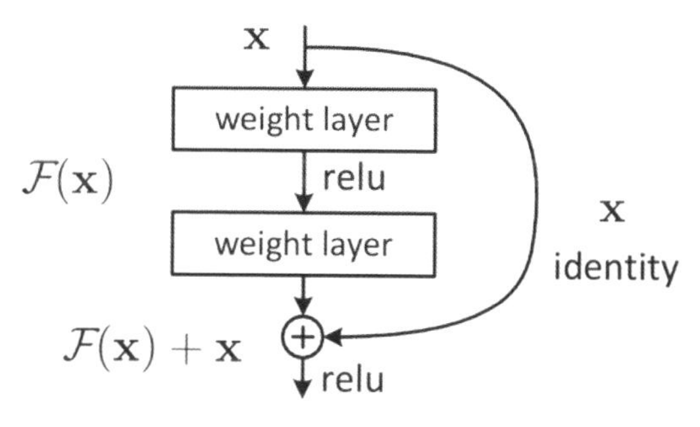

▲ 圖 6-20　Residual Network 元件

6-3-1 ResNet - Colab 實作

同樣採用 CIFAR 10 資料，讀取與前處理的方式請參考前面所述。參考 VGG19 的架構，利用這個 ResNet，對每兩層卷積層加上 identify transform，本節實作基於 ResNet18 的架構，架構圖如下圖 6-21。

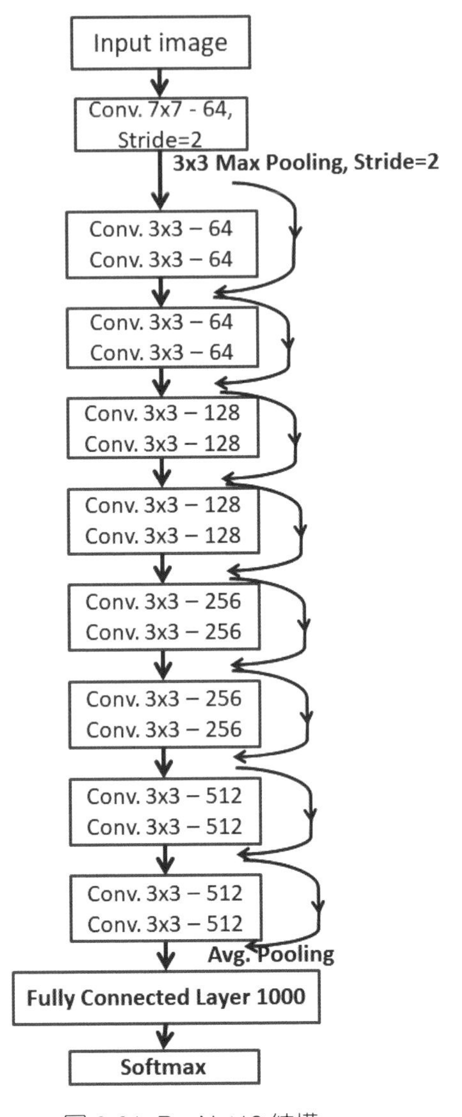

▲ 圖 6-21 ResNet18 結構

- 首先要先建構 Residual block，兩層卷積層，皆加上 Batch normalization，並使用 ReLu 作為激活函數。

```
x = self.conv_1(inputs)
x = self.bn_1(x, training=training)
x = self.act_relu(x)
x = self.conv_2(x)
x = self.bn_2(x,training=training)
```

■ 若輸出維度與原維度 x 不相同時，加上一個卷積層調整維度，而相同時直接將輸入加到輸出。

```
     if strides !=1:
        self.block = Sequential()
        self.block.add(layers.Conv2D(filter_nums,(1,1),strides=
strides))
      else:
        self.block = lambda x:x
```

■ 將 identity 與 x 的輸出加總，使用激活函數 ReLu。

```
identity = self.block(inputs)
outputs = layers.add([x,identity])
outputs = tf.nn.relu(outputs)
'''
'''Codclass ResBlock(layers.Layer):
  def __init__(self, filter_nums, strides=1, residual_path=False):
      super(ResBlock, self).__init__()
      self.conv_1 = layers.Conv2D(filter_nums,(3,3),strides=
strides,padding='same')
      self.bn_1 = layers.BatchNormalization()
      self.act_relu = layers.Activation('relu')
      self.conv_2 = layers.Conv2D(filter_nums,(3,3),strides=1,
padding='same')
```

```
        self.bn_2 = layers.BatchNormalization()

        if strides !=1:
          self.block = Sequential()
          self.block.add(layers.Conv2D(filter_nums,(1,1),strides=
strides))
        else:
          self.block = lambda x:x


    def call(self, inputs, training=None):

        x = self.conv_1(inputs)
        x = self.bn_1(x, training=training)
        x = self.act_relu(x)
        x = self.conv_2(x)
        x = self.bn_2(x,training=training)

        identity = self.block(inputs)
        outputs = layers.add([x,identity])
        # outputs = layers.add([x])
        # outputs = x
        outputs = tf.nn.relu(outputs)
        return outputse block
```

- 建構整個網路，如下，將定義好的一層一層 Layer 疊起來。

```
class ResNet(keras.Model):
  def __init__(self,layers_dims,nums_class=10):
    super(ResNet,self).__init__()
```

```
    self.model = Sequential([layers.Conv2D(64,(3,3),strides=(1,1)),
                             layers.BatchNormalization(),
                             layers.Activation('relu'),
                             layers.MaxPooling2D(pool_size=(2,2),
strides=(1,1),padding='same')])

    self.layer_1 = self.ResNet_build(64,layers_dims[0])
    self.layer_2 = self.ResNet_build(128,layers_dims[1],strides=2)
    self.layer_3 = self.ResNet_build(256,layers_dims[2],strides=2)
    self.layer_4 = self.ResNet_build(512,layers_dims[3],strides=2)

    self.avg_pool = layers.GlobalAveragePooling2D()
    self.fc_model = layers.Dense(nums_class)

  def call(self, inputs, training=None):
    x = self.model(inputs)
    x = self.layer_1(x)
    x = self.layer_2(x)
    x = self.layer_3(x)
    x = self.layer_4(x)
    x = self.avg_pool(x)
    x = self.fc_model(x)
    return x

  def ResNet_build(self,filter_nums,block_nums,strides=1):
    build_model = Sequential()
    build_model.add(ResBlock(filter_nums,strides))
    for _ in range(1,block_nums):
      build_model.add(ResBlock(filter_nums,strides=1))
    return build_model
```

■ 定義 ResNet18 模型層數，初始化模型與優化器，並確認模型參數量

```
def ResNet18():
  return ResNet([2,2,2,2])
ResNet_model = ResNet18()
ResNet_model.build(input_shape=(None,32,32,3))
optimizer = optimizers.Adam(lr=1e-3)
```

```
[10] ResNet_model.summary()

Model: "res_net"
_________________________________________________________________
Layer (type)                 Output Shape              Param #
=================================================================
sequential (Sequential)      multiple                  2048
_________________________________________________________________
sequential_1 (Sequential)    multiple                  148736
_________________________________________________________________
sequential_2 (Sequential)    multiple                  526976
_________________________________________________________________
sequential_4 (Sequential)    multiple                  2102528
_________________________________________________________________
sequential_6 (Sequential)    multiple                  8399360
_________________________________________________________________
global_average_pooling2d (Gl multiple                  0
_________________________________________________________________
dense (Dense)                multiple                  5130
=================================================================
Total params: 11,184,778
Trainable params: 11,176,970
Non-trainable params: 7,808
_________________________________________________________________
```

▲ 圖 6-22　模型

■ 最後就是訓練模型並利用測試資料集計算準確度

```
for i in range(10):
  for step,(x,y) in enumerate(data):
    with tf.GradientTape() as tape:
```

```
        logits = ResNet_model(x)
        y_one_hot = tf.one_hot(y,depth=10)
        loss = tf.losses.categorical_crossentropy(y_one_hot,logits,
from_logits=True)
        loss = tf.reduce_mean(loss)
      grads = tape.gradient(loss,ResNet_model.trainable_variables)
      optimizer.apply_gradients(zip(grads,ResNet_model.trainable_
variables))

      if step %100==0:
        print(i,step,'loss:',float(loss))
    total_loss = 0
    total_num=0
    for x,y in data_test:

      logits = ResNet_model(x)

      prob = tf.nn.softmax(logits,axis=1)
      pred = tf.argmax(prob,axis=1)

      pred = tf.cast(pred,dtype=tf.int32)
      correct = tf.equal(pred,y)

      result = tf.reduce_sum(tf.cast(correct,dtype=tf.int32))

      total_loss += int(result)
      total_num += x.shape[0]

    acc = total_loss/total_num
    print(i,'acc:',acc)
```

試著比較有無 Residual 結構的訓練結果，圖 6-23（左）為有殘差結構，圖 6-23（右）則無殘差結構，皆以訓練 10 個 Epochs 為基準來看，在準確度上有接近 14%的差異，進一步觀察 Loss，可以發現具有 Residual 結構的 Loss 變化較穩定的下降。

```
0 0 loss: 2.303318738937378
0 acc: 0.2673
1 0 loss: 1.9552174806594849
1 acc: 0.4339
2 0 loss: 1.5959596633911133
2 acc: 0.524
3 0 loss: 1.3513596057891846
3 acc: 0.57
4 0 loss: 1.1523092985153198
4 acc: 0.611
5 0 loss: 1.0261489152908325
5 acc: 0.6561
6 0 loss: 0.8138477206230164
6 acc: 0.6646
7 0 loss: 0.7227518558502197
7 acc: 0.6636
8 0 loss: 0.7002103328704834
8 acc: 0.6626
9 0 loss: 0.5900238752365112
9 acc: 0.6694
```

```
0 0 loss: 2.306340217590332
0 acc: 0.37
1 0 loss: 1.6711539030075073
1 acc: 0.425
2 0 loss: 1.5950285196304321
2 acc: 0.4561
3 0 loss: 1.4530268907546997
3 acc: 0.4318
4 0 loss: 1.6469194889068604
4 acc: 0.474
5 0 loss: 1.4297196865081787
5 acc: 0.5076
6 0 loss: 1.2805241346359253
6 acc: 0.505
7 0 loss: 1.443395972251892
7 acc: 0.5276
8 0 loss: 1.2982670068740845
8 acc: 0.5191
9 0 loss: 1.361274003982544
9 acc: 0.5237
```

▲ 圖 6-23 （左）Resnet（右）Plain Network without Residual

6-4 Inception (GoogleNet)

相較於前述的模型，增加神經網路的深度，GoogleNet 加入一種 Inception 的結構，做法是同時使用三種卷積層以增加神經網路的寬度，取代原本的單一的卷積層，也可理解為對圖像用多種卷積核進行特徵擷取，而進一步衍生出共後續數個模型，Inception v1、v2、v3 和 v4 等。

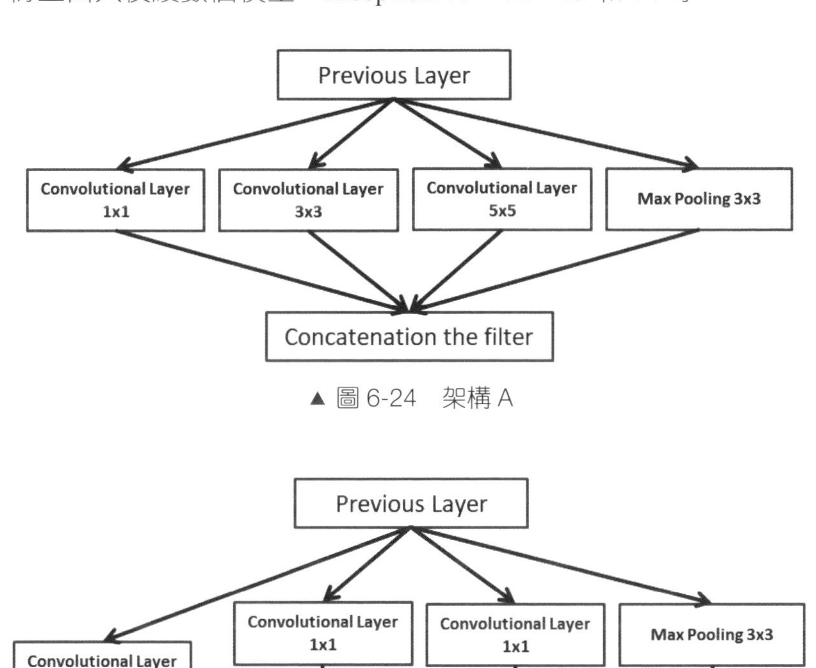

▲ 圖 6-24　架構 A

▲ 圖 6-25　架構 B

對以 Inception 衍生出的各個模型討論其主要的差異：

6-4-1 Inception v1

首次提出將 Inception 結構增加網路的寬度，提升網路對資料的適應程度。整個神經網路共 22 層（不計入池化層），Inception結構上圖 6-25 架構 B 由四個卷積層組成，分別是 1×1 卷積層、以 1×1 卷積層降維在連接 3×3 卷積層、以 1×1 卷積層降維在連接 5×5 卷積層、3×3 池化層連接 1×1 卷積層，所有的卷積層皆使用 ReLu 激活函數，最後將四個輸出疊加在一起，共使用 9 個 Inception 結構。

6-4-2 Inception v2、v3

v2 中加入 Batch normalization 以降低內部共異變數淺移（Internal covariance shift）。

共異變數淺移（Internal covariance shift）簡單說就是資料分布不均勻導致，從定義上，當神經網絡訓練時，因參數變化，導致輸入時的資料分布與通過網路的轉換後分布不相同。

v3 則是將 Inception 結構中的卷積核進行分解：

Factorization into smaller convolutions：類似 VGG 的作法將大尺寸卷積核分解成由小尺寸卷積核組合而成，以減少參數量。例如將 5x5 卷積核分解成兩個 3x3 的卷積核。

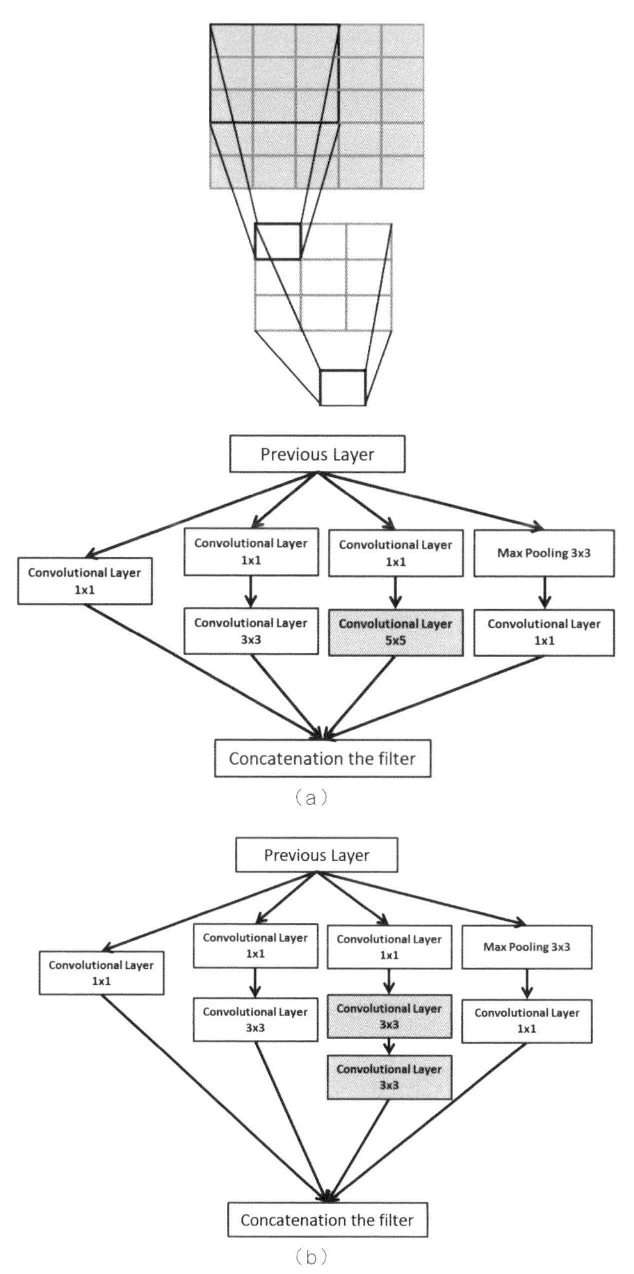

▲ 圖 6-26　將（a）中 5x5 卷積層用兩個 3x3 卷積層取代，如（b）所示

Spatial Factorization into Asymmetric Convolution：由 3×3 分解為（3×1，1×3）兩個分別進行。

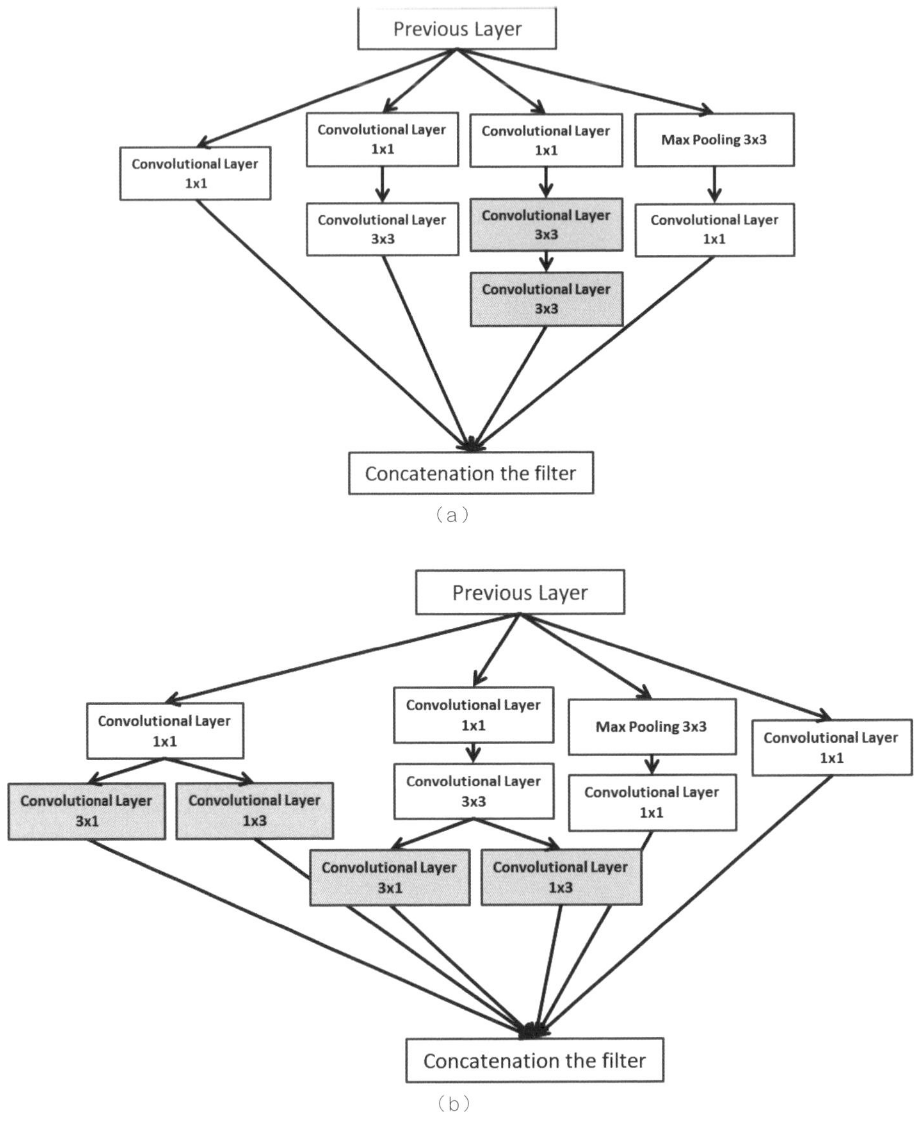

▲ 圖 6-27　圖（a）3×3卷積層分別用 3×1 與 1×3 卷積層取代，如圖（b）所示

Batch Normalization

Inception v2 利用 Batch Normalization 的方法來優化模型對資料的均一性，當使用巨量資料集進行訓練時，考量運算資源的限制，通常會選擇適當的數量進行訓練，Batch 就代表一次使用多少資料進行訓練，假設 Batch ＝ 64，則每一次訓練就是用 64 個資料訓練後更新權重，同時使用 64 個進行訓練是受益於 GPU 的平行運算。

Batch normalization 針對每一層的輸出進行 normalization，避免數值在進入激活函數前範圍過大，導致通過激活後的數值處在飽和範圍（Saturated Region），Batch normalization 需要先計算平均值 (Mean, μ) 與標準差 (Standard deviation, σ)，將輸出 x 經過下式的 normalization 處理。

$$x \leftarrow \frac{x_i - \mu}{\sqrt{\sigma^2 + \varepsilon}}$$

6-4-3 Inception v4

結合 Inceptionv1,v2,v3 的特點，提出 Inception v4，此外也利用 ResNet 提出的 Residual connection 解決了神經網路加深會遇到的問題，像是梯度消失與學習退化，進而又提出 Inception ResNet v4。Inception v4 與 Inception ResNet v4 的主要架構如下方圖所示，其中包含許多不同結構的 Inception，若想細味品嘗每個的用途請參考文獻中的解釋。

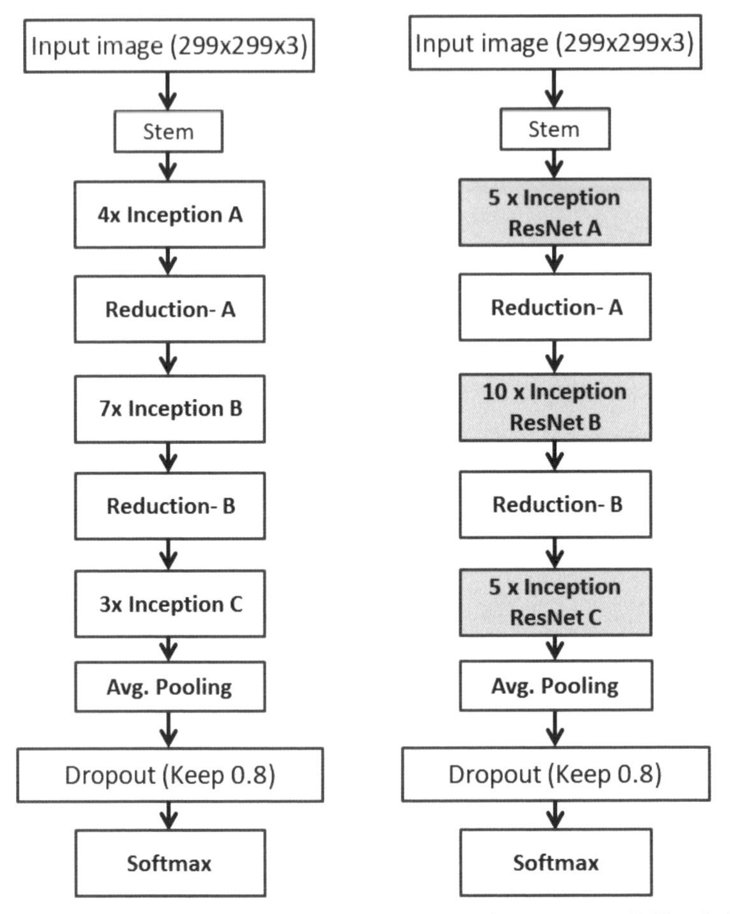

▲ 圖 6-28　Inception v4 模型架構（左），Inception v4 加上 ResNet 的模型架構（右）

6-4-4 GoogleNet - Colab 實作

此次實作所使用的資料為 Mnist，是手寫數字集，包括 0 到 9 的數字。資料筆數約 7 萬筆，每張為 28×28×1 解析度的灰階圖像，其中有 6 萬筆為訓練集；1 萬筆為測試集，為影像辨識常用的資料集。而主要實作的是 Inception v2 的模型，也就是將 Inception v1 加上 Batch normalization。

- 匯入需要的 Python 套件，可參考前面章節的說明
- 匯入 Mnist 資料集，根據資料維度轉換成符合的要求，並確認資料格式。

```
(x,y),(x_test,y_test) = datasets.mnist.load_data()
# 確認訓練資料維度
print(x.shape,y.shape)
# 確認測試資料維度
print(x_test.shape,y_test.shape)
```

```
(60000, 28, 28) (60000,)
(10000, 28, 28) (10000,)
```

- 試著利用視覺化模組 Matplotlib 將圖像資料輸出，顯示出的是數字 0。

```
plt.figure()
plt.imshow(x[1])
plt.colorbar()
plt.grid(False)
```

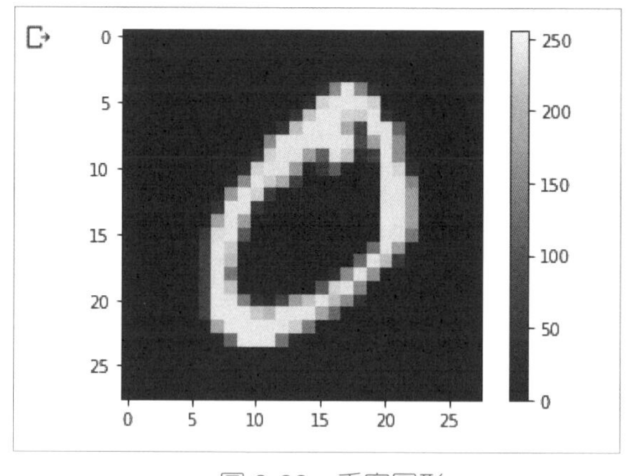

▲ 圖 6-29　手寫圖形

■ 轉換與前處理的方式如下，與前面章節相似。

```
# 進行資料數值調整
def feature_scale(x,y):
  x = tf.cast(x,dtype=tf.float32)/255.
  y = tf.cast(y,dtype=tf.int32)
  return x,y
# 做成訓練及測試用資料集
train_data = tf.data.Dataset.from_tensor_slices((x,y))
train_data = train_data.map(feature_scale).shuffle(10000).batch(512)

data_test = tf.data.Dataset.from_tensor_slices((x_test,y_test))
data_test = data_test.map(feature_scale).batch(512)
```

■ Inception v2 主要增加 Batch normalization。

```
# 建構卷積層加上 Batch Normalization
class ConvBNRelu(keras.Model):
    def __init__(self, channel_num, kernelsize=(3, 3), strides=1,
padding='SAME'):
        super(ConvBNRelu, self).__init__()
        self.model = Sequential([
            layers.Conv2D(channel_num, kernelsize, strides=strides,
padding=padding),
            layers.BatchNormalization(), # 增加Batch Normalization
            layers.ReLU()
        ])

    def call(self, inputs, training=None):
        inputs = self.model(inputs, training=training)
        return inputs
```

■ 四個不同的卷積層結構，並連接在一起。

```
x1 = self.conv1(inputs, training=training)
x2 = self.conv2(inputs, training=training)
x3 = self.conv3(inputs, training=training)
x4 = self.conv4(x3, training=training)

x5 = self.pool(inputs)
x5 = self.pool_conv(x5, training=training)

x = tf.concat([x1, x2, x4, x5], axis=3)
```

■ 模型結構程式碼：

```
# 建構 Inception 的結構
class Inceptionblock(keras.Model):
    def __init__(self, channel_num, strides=1):
        super(Inceptionblock, self).__init__()

        self.channel_num = channel_num
        self.strides = strides

        self.conv1 = ConvBNRelu(channel_num, strides=strides)
        self.conv2 = ConvBNRelu(channel_num, kernelsize=(3, 3),
strides=strides)
        self.conv3 = ConvBNRelu(channel_num, kernelsize=(3, 3),
strides=strides)
        self.conv4 = ConvBNRelu(channel_num, kernelsize=(3, 3),
strides=1)

        self.pool = keras.layers.MaxPooling2D(3, strides=1,
```

```
padding='SAME')
        self.pool_conv = ConvBNRelu(channel_num, strides=strides)

    def call(self, inputs, training=None):

        x1 = self.conv1(inputs, training=training)

        x2 = self.conv2(inputs, training=training)

        x3 = self.conv3(inputs, training=training)
        x4 = self.conv4(x3, training=training)

        x5 = self.pool(inputs)
        x5 = self.pool_conv(x5, training=training)
        # 將四個卷積核疊加在一起
        x = tf.concat([x1, x2, x4, x5], axis=3)

        return x

class GoogleNet(keras.Model):
    def __init__(self, num_layers, num_classes, init_channel=16,
**kwargs):
        super(GoogleNet, self).__init__(**kwargs)

        self.input_channel = init_channel
        self.output_channel = init_channel
        self.num_classes = num_classes
        self.init_channel = init_channel

        self.conv1 = ConvBNRelu(init_channel)
        self.blocks = Sequential(name='dynamic-blocks')
```

```
        for block_id in range(num_layers):
            for layer_id in range(2):
                if layer_id == 0:
                    block = Inceptionblock(self.output_channel,
strides=2)
                else:
                    block = Inceptionblock(self.output_channel,
strides=1)

                self.blocks.add(block)
            # Increase output dimension per block
            self.output_channel *= 2

        self.avg_pool = keras.layers.GlobalAveragePooling2D()
        self.fc = keras.layers.Dense(num_classes)

    def call(self, inputs, training=None):
        out = self.conv1(inputs, training=None)
        out = self.blocks(out, training=None)
        out = self.avg_pool(out)
        out = self.fc(out)

        return out

# 先建置 Inception 模型
Inception = GoogleNet(5, 10)
Inception.build(input_shape=(None, 28, 28, 1))
# 優化器選擇 Adam
optimizers = keras.optimizers.Adam(learning_rate=1e-3)
```

```
# 查看模型架構
Inception.summary()

Model: "google_net_2"
_________________________________________________________________
Layer (type)                 Output Shape              Param #
=================================================================
conv_bn_relu_102 (ConvBNRelu multiple                  224
_________________________________________________________________
dynamic-blocks (Sequential)  multiple                  20442848
_________________________________________________________________
global_average_pooling2d_2 ( multiple                  0
_________________________________________________________________
dense_2 (Dense)              multiple                  10250
=================================================================
Total params: 20,453,322
Trainable params: 20,443,370
Non-trainable params: 9,952
_________________________________________________________________
```

▲ 圖 6-30　模型驗證

```
EPOCHS = 100
for i in range(EPOCHS):
    for step, (x, y) in enumerate(train_data):
        with tf.GradientTape() as tape:
            logits = Inception(x)
            y_onehot = tf.one_hot(y, depth=10)
            loss = tf.losses.categorical_crossentropy(y_onehot,
logits, from_logits=True)
            loss = tf.reduce_mean(loss)

        grads = tape.gradient(loss, Inception.trainable_variables)
        optimizers.apply_gradients(zip(grads, Inception.
trainable_variables))
        # 每 100 步檢查 loss
        if step % 100 == 0:
            print('Epoch:', epoch, 'Step: ', step, '\n', 'Loss = ',
```

```
float(loss))

        # 每訓練一個 EPOCHS 後用測試資料集驗證準確度
        total_num = 0
        total_correct = 0

        for x, y in val_data:

            logits = Inception(x)
            prob = tf.nn.softmax(logits, axis=1)
            pred = tf.argmax(prob, axis=1)
            pred = tf.cast(pred, dtype=tf.int32)

            correct = tf.cast(tf.equal(pred, y), dtype=tf.int32)
            correct = tf.reduce_sum(correct)

            total_num += x.shape[0]
            total_correct += int(correct)

        acc = total_correct / total_num
        print("Accuracy:", acc)
```

這一章介紹許多 CNN 著名的模型，起初設計的概念在於提升辨識與分類圖像的準確度，然而這些 CNN 亦可以單純作為擷取圖像特徵的用途，結合不同的神經網路來解決各種不同的用途，舉例來說，語音辨識的領域也可以運用到 CNN 模型，通常語音是基於時間序列所組成的，一般會聯想到下一章節要介紹的遞歸神經網路（Recurrent Neural Network），其設計目的是解決時間序列資料上下關聯性的，而為什麼語音可以透過 CNN 來處理？因為語音資料經過資料數值轉換後，得到圖像化後的時譜圖（Spectrogram），此時就如同一張圖像，在依據每段時間的分割時譜圖並使用 CNN 擷取作為該時間下的特徵。

實務應用上，為了讓運算資源能達到最大效益，會根據資料的數量、內容以及建立目的去選擇模型，舉例來說，有時複雜的模型需要龐大資料量才能顯現效果，而當資料量不大時，或許其效果與簡易模型相差不多，這是選擇參數量少的模型較為適當，隨著資料量增加，可針對應用需求再進一步使用學習能力更佳的模型。

CHAPTER

07

遞歸神經網路（Recurrent Neural Network）

7-1 遞歸神經網路 (RNN)

在前面章節所介紹到 DNN 跟 CNN 模型，兩個均未納入時間序列性質於設計模型。當遇到時間序列問題，往往都會把時間的性質拿掉，變成特徵獨立的關係，再進行預測或者是分類等任務。試想如果在進行語音辨識或者股價預測等等的任務時，前後的關聯應該影響非常大，你要發出一個音可以細切成一連串的細微動作，而股市的漲跌幅也會跟歷史資料有高度相關，所以這個章節將會介紹在深度學習中，專門用來處理時間序列資料的模型 - 遞歸神經網路。

RNN 主要是透過將隱藏層輸出存在記憶裡，當下次輸入資料進去訓練的時候，會同時考慮上一次存在記憶裡的值進行計算。進而達到所謂的記憶功能。

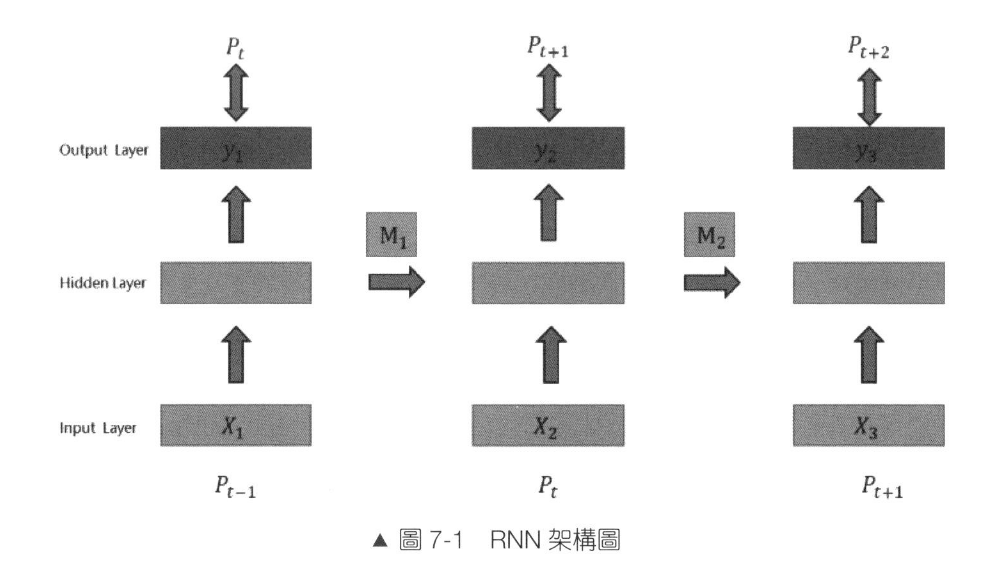

▲ 圖 7-1　RNN 架構圖

有時候在進行像是語義分類或是機器翻譯任務時，可能在某個時間點，因為沒看完整個句子，導致結果是比較片面，缺乏整個全文通盤的了解，例如，在做智慧音箱開發時，可能會有問天氣、時間等情境，「查詢台北天氣」和「查詢台北時間」。在以上兩個句子中，當我們看到詞「台北」和「查詢」時，我們可能無法理解這個句子是要做哪個情境的查詢，這時就可以使用雙向遞歸神經網路的架構，雙向遞歸神經網路可以想像成有一個遞歸神經網路是從頭開始看到尾，另外一個則是從尾看回頭，不管在每個時間點，結果都是綜合兩個遞歸神經網路得到，對於整個語意的理解也是比較全面。

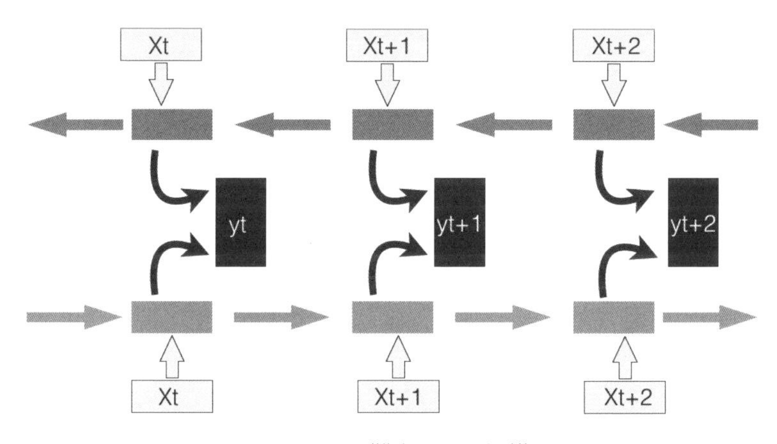

▲ 圖 7-2　雙向 RNN 架構

但遞歸神經網路也不是萬靈丹，如果看到是時間序列資料就直接丟到遞歸神經網路，未必一定有好的表現，前面說到遞歸神經網路同時會考慮上一次在記憶裡面的值，所以當整個遞歸神經網路的時序過長，前面的資訊對整個網路的影響就變得微乎其微。

7-2 長短期記憶網路

為了解決 RNN 在長期記憶方面不甚理想，於是提出了一個新的模型 - LSTM（Long short-term memory），主要改善了以前 RNN 的一些架構問題（例如：記憶的設計問題），而 LSTM 由四個單元組成：輸入閘、輸出閘、記憶單元以及遺忘閘。

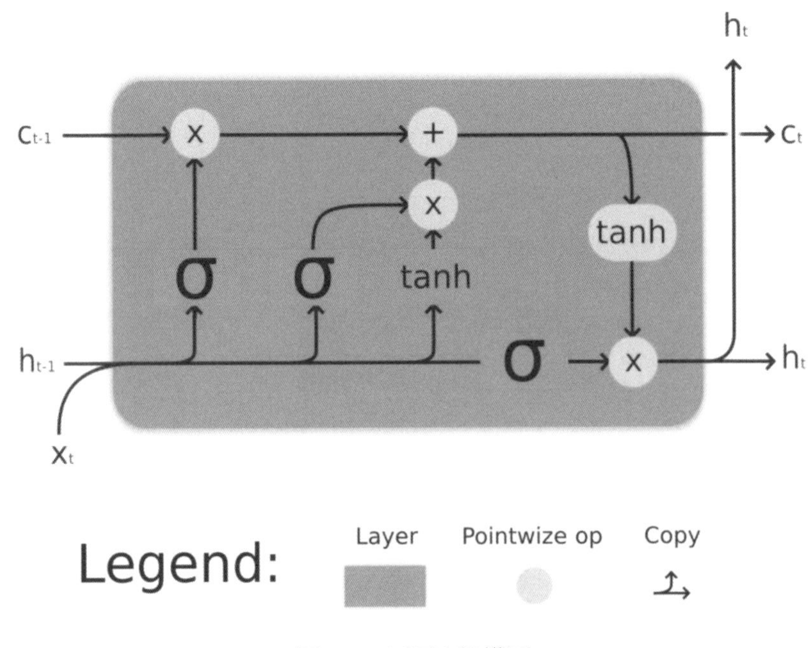

▲ 圖 7-3　LSTM 架構圖

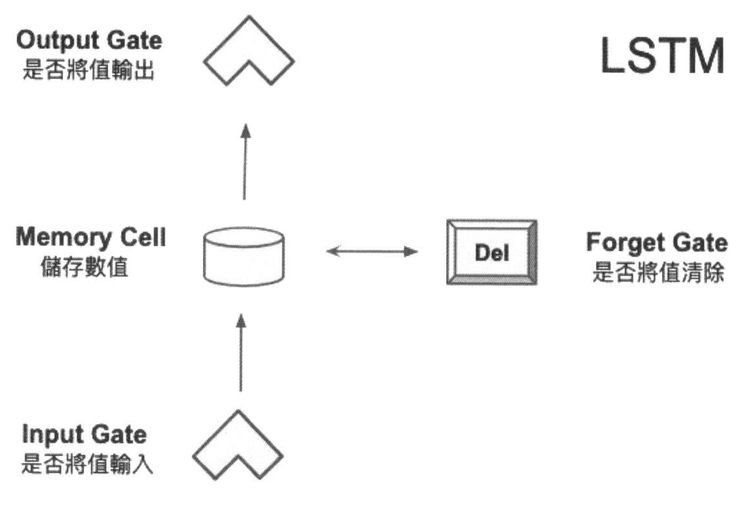

▲ 圖 7-4　LSTM 簡易流程圖

1. 輸入閘（Input Gate）：當資料輸入時，輸入閘可以控制是否將這次的值輸入，並運算數值。

2. 記憶單元（Memory Cell）：將運算出的數值記憶起來，以利下個單元運用。

3. 輸出閘（Output Gate）：控制是否將這次計算出來的值做輸出，若無此次輸出則為 0。

4. 遺忘閘（Forget Gate）：控制是否將記憶清除掉（format）。

而上述這些也都是在整個網路中可學習的參數！接下來我們來看一下實際一個單元的運作流程。

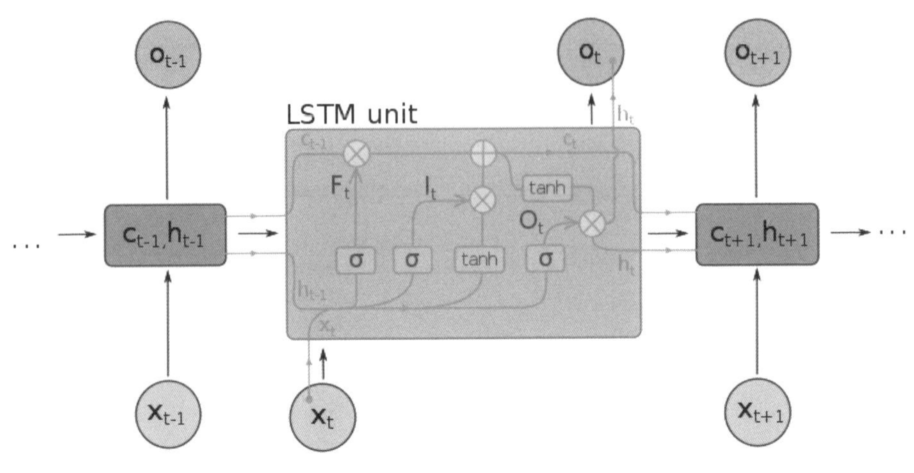

▲ 圖 7-5　LSTM 架構圖

當資料輸入進一個 LSTM 單元，第一個先遇到的就是輸入閘，輸入閘開啟的機率用來控制有多少新的資訊要進入記憶中（新資料包含目前的 X_t 和上一個輸出 h_{t-1}）。接下來遇到第二關會是記憶單元，首先，先紀錄當下輸入值加上前一次記憶單元裡的值並乘上遺忘閘的機率，看是否要遺忘前一次紀錄 。最後一關就是輸出閘，輸出閘決定更新後的記憶有多少資訊要輸出到 LSTM 下一層，也是以機率的方式來使用。

接下來以遺忘閘為例，帶大家從公式去理解整個的運作

$$f_t = sigmoid(W_{xf}X_t + W_{hf}h_{t-1} + b_f)$$

▲ 圖 7-6　遺忘閘公式

遺忘閘因為加入了 sigmoid function，閘內元素的範圍介於 0~1，新記憶為舊記憶乘上遺忘閘的結果，所以當遺忘閘為 0，代表舊記憶完全被捨棄，遺忘閘為 1，則代表舊記憶全部被保留下來加到新記憶裡，遺忘閘介

於 0~1，部分輸入至新的記憶中，藉由遺忘閘的機制，可以判斷舊記憶中哪些需要被忘記、忘記多少，進而提升 LSTM 的準確度。

7-2-1 遞歸神經網路類型

遞歸神經網路可以依照不同的輸出及輸入有一些基本的變化類型，遞迴神經網路允許輸入和輸出不只是單一向量，也可以是多個向量序列。因為這些輸入和輸出多元的組合，使得遞歸可以處理非常多元的情境，下圖列出不同的類型，並會簡述一下個類型可執行的任務。

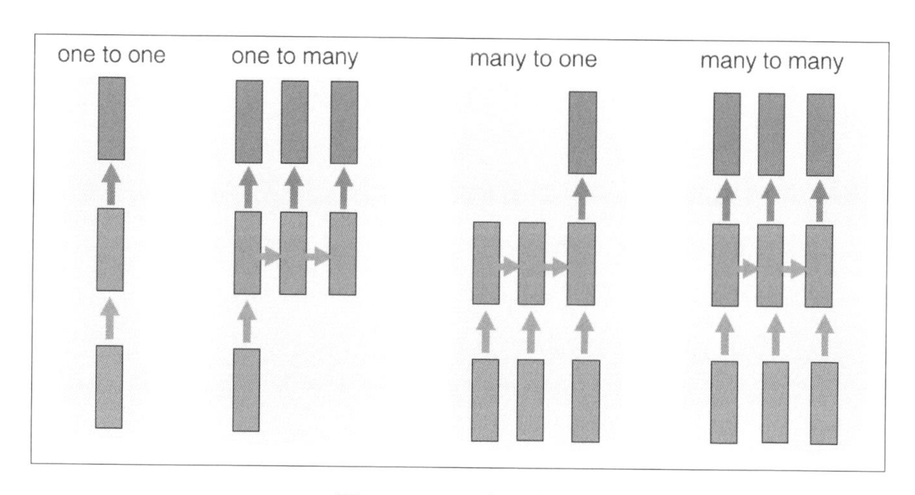

▲ 圖 7-7　RNN 網路類型圖

以下列出各類型，並舉例常用的情境來方便大家更容易理解

1. One to One：

   固定一組向量輸入和一組向量輸出（例如，輸入：一張照片，輸出：是否為某種動物的二元分類）

2. One to Many：

   固定一組向量輸入和多組向量輸出（例如，輸入：一張照片，輸出：對於這張照片的文字描述）

3. Many to One：

   就是多個時間點來預測下一個時間點（例如，輸入：一週股價，輸出：下週一股價），或者是情感分析的問題，讀一段文章判斷是正面還是反面的意思。

4. Many to Many：

   多個具關聯的資料來預測下一個時間性或者下一個具關聯的資料（例如：輸入：英文句子，輸出：中文句子），或者處理機器翻譯、語音辨識等問題。

除了輸入和輸出的變化，前面有提到遞歸神經網路也可以從後面訓練回來（Bidirectional RNN），舉個例子來說，當有一個句子，一般的遞歸神經網路只會從前面掃過去，但 Bidirectional RNN 除了從前面掃過去，也會從後面掃過來，類似從後文來回推前文。與一般的 RNN 相比 Bidirectional RNN 在一些語音辨識或者自然語言處理應用上有更好的效果。但還是要注意應用場景上是否合乎資料邏輯（例如，往回推的時候是否符合資料邏輯。像是在價格預測上，可能就不一定合適）。

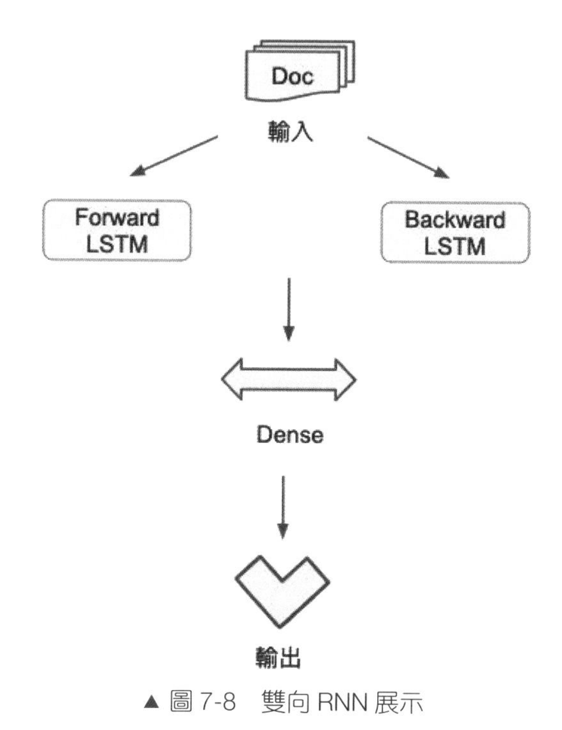

▲ 圖 7-8　雙向 RNN 展示

7-3 RNN 實作 - 情感分析

今天我們來討論 RNN 的應用，而其中一個最經典的案例就是情感分析（Sentiment Analysis）。而什麼是情感分析呢？ 透過自然語言處理或者深度學習的模型來自動分辨網路上的評論是好還是壞。情感分析已經大量運用於輿情分析或者品牌分析等情境裡。情感分析主要有兩個步驟 (1) 斷詞斷句 (2) 情感分析模型。今天會使用 Kaggle 上的 Twitter 資料集來跑 RNN。

▲ 圖 7-9　情感分析資料集圖

資料欄位如下：

欄位	資料集內容
target	資料 Label（negative ＝ 0，neural ＝ 2，positive ＝ 4）
ids	ids Tweet
date	Tweets 時間
flag	Query Content（例如：NO_QUERY）
user	使用者 Tweet
text	Tweet 內容

資料下載的方式主要就是透過 Kaggle API 來下載（記得要先有 kaggle 的帳號，跟 API Token）。

```
!kaggle datasets download -d kazanova/sentiment140
!unzip sentiment140.zip
```

接下來就可以讀檔案，稍微看一下前五筆資料的樣貌。

```
sentiment140 = pd.read_csv('training.1600000.processed.
noemoticon.csv',encoding='ISO-8859-1',header=None)
sentiment140.head()
```

```
sentiment140 = pd.read_csv('training.1600000.processed.noemoticon.csv',encoding='ISO-8859-1',header=None)
sentiment140.head()
```

	0	1	2	3	4	5
0	0	1467810369	Mon Apr 06 22:19:45 PDT 2009	NO_QUERY	_TheSpecialOne_	@switchfoot http://twitpic.com/2y1zl - Awww, t...
1	0	1467810672	Mon Apr 06 22:19:49 PDT 2009	NO_QUERY	scotthamilton	is upset that he can't update his Facebook by ...
2	0	1467810917	Mon Apr 06 22:19:53 PDT 2009	NO_QUERY	mattycus	@Kenichan I dived many times for the ball. Man...
3	0	1467811184	Mon Apr 06 22:19:57 PDT 2009	NO_QUERY	ElleCTF	my whole body feels itchy and like its on fire
4	0	1467811193	Mon Apr 06 22:19:57 PDT 2009	NO_QUERY	Karoli	@nationwideclass no, it's not behaving at all....

▲ 圖 7-10　資料預覽圖

先進行一些簡單的的前處理，像是刪掉不要的欄位，針對 Label 去做加總，然後簡單的看一下正面評論 / 負面評論資料數量差異。從下圖可以看到這份資料已經整理得非常好，資料非常的平均。如果一般使用者發現資料非常的不平均時，例如在進行缺陷預測的題目，可能只有不到百分之一的資料是有缺陷的，其他都是正常的，那可能就可以採用一些抽樣的方法。

```
target_cnt = Counter(sentiment140.target)
plt.figure(figsize=(16,8))
plt.bar(target_cnt.keys(), target_cnt.values())
plt.title("Labels distribuition")
```

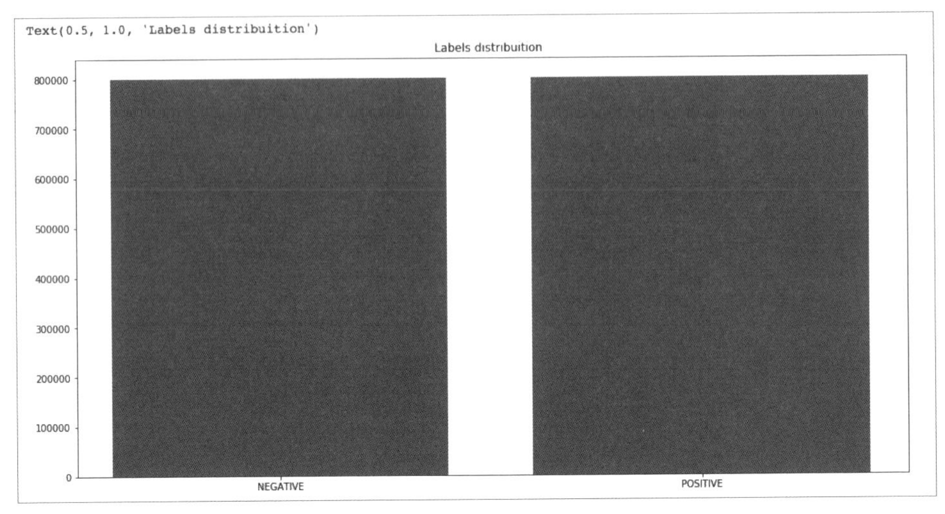

▲ 圖 7-11　情感正反比例圖

接下來就是停用詞的部分，而停用詞是指一些使用頻率很高的詞或字，但是可能不是那麼重要，像是（a，the，or），針對這些無意義的詞，必須把它移除掉，才能讓後續的分析更加順利。這部分我們使用 Natural Language Tool Kit（NLTK）的 python 自然語言處理的套件。此外，針對字詞處理的部分，我們也會去做詞幹（stemming）的處理（例如：automate，automatic，automation → automat）以及移除一些符號等。

```
nltk.download('stopwords')
stop_words = stopwords.words("english")
stemmer = SnowballStemmer("english")
text_remove = "@\S+|https?:\S+|http?:\S|[^A-Za-z0-9]+"
def preprocess(text, stem=False):
    # Remove link,user and special characters
    text = re.sub(text_remove, ' ', str(text).lower()).strip()
    tokens = []
```

```
    for token in text.split():
        if token not in stop_words:
            if stem:
                tokens.append(stemmer.stem(token))
            else:
                tokens.append(token)
    return " ".join(tokens)
sentiment140.text = sentiment140.text.apply(lambda x: preprocess(x))
```

針對 Tokenizer 的部分，可以直接使用 tf.keras 裡面的 tokenizer。

```
tokenizer = tf.keras.preprocessing.text.Tokenizer()
tokenizer.fit_on_texts(df_train.text)
```

在訓練之前，因為每個句子的長短不一，所以以最長的句子為基準，將其他句子補到長度跟最長的句子一樣，一樣可以使用 tf.keras 的 API。

```
x_train =
tf.keras.preprocessing.sequence.pad_sequences(tokenizer.
texts_to_sequences(df_train.text), maxlen=300)
x_test =
tf.keras.preprocessing.sequence.pad_sequences(tokenizer.
texts_to_sequences(df_test.text), maxlen=300)
```

接下來可以定義 RNN 的模型，首先會先將定義狀態，並且初始化為 0，接下來會使用到 embedding layer 來轉換，這部分就是將我們的每個字轉換成一個 N 維向量，最後再建立 RNN 層和 Dense 層。而在 call 裡面則要交代所有串接的流程，一開始先把輸入值透過 embedding layer 轉換，然後在每個 RNN 階段，帶入字向量及從上一個階段得來的狀態，最後把最後一個 step 的輸出丟進全連接層，得到一個一維輸出，最後則透過 sigmoid function 轉值轉換成 0~1 之間。

```
class Simple_LSTM(keras.Model):
  def __init__(self,units):
      super(Simple_LSTM, self).__init__()
      self.state_0 = [tf.zeros([batchsz,units])]
      self.embedding = layers.Embedding(total_words,
embedding_len,input_length=300)
      self.layer_1 = layers.SimpleRNNCell(units,dropout=0.2)
      self.out = layers.Dense(1)

  def call(self, inputs, training=None):
      x = self.embedding(inputs)
      state_0 = self.state_0
      for word in tf.unstack(x,axis=1):
          out,state_1 = self.layer_1(word,state_0)
          state_0 = state_1
      x = self.out(out)
      prob = tf.sigmoid(x)
      return prob
```

定義完模型後，可以透過編譯為整個訓練進行配置，包括優化器、損失函數、評估指標，最後就用 fit 開始訓練。

```
rnn_model = Simple_LSTM(units)
rnn_model.compile(optimizer=keras.optimizers.Adam(1e-3),loss=
tf.losses.BinaryCrossentropy(),metrics=['accuracy'])
rnn_model.fit(data,epochs=epochs, validation_data = data_test)
```

```
[ ] units = 128
    epochs = 10
    total_words=313288
    embedding_len=128

    rnn_model = Simple_LSTM(units)
    rnn_model.compile(optimizer  =keras.optimizers.Adam(1e-4),loss=tf.losses.BinaryCrossentropy(),metrics=['accuracy'])
    rnn_model.fit(data,epochs=epochs, validation_data = data_test)

    Epoch 1/10
    WARNING:tensorflow:Entity <bound method Simple_LSTM.call of <__main__.Simple_LSTM object at 0x7f97323e2470>> could not be transformed and will be executed as
    WARNING: Entity <bound method Simple_LSTM.call of <__main__.Simple_LSTM object at 0x7f97323e2470>> could not be transformed and will be executed as-is. Pleas
    2812/2812 [==============================] - 1335s 475ms/step - loss: 0.5911 - accuracy: 0.6600 - val_loss: 0.5255 - val_accuracy: 0.7611
    Epoch 2/10
    2812/2812 [==============================] - 1307s 465ms/step - loss: 0.5884 - accuracy: 0.7541 - val_loss: 0.5298 - val_accuracy: 0.7529
    Epoch 3/10
    2812/2812 [==============================] - 1317s 468ms/step - loss: 0.7439 - accuracy: 0.7728 - val_loss: 0.5729 - val_accuracy: 0.7114
    Epoch 4/10
    2812/2812 [==============================] - 1323s 471ms/step - loss: 0.5405 - accuracy: 0.7359 - val_loss: 0.5335 - val_accuracy: 0.7619
    Epoch 5/10
    2812/2812 [==============================] - 1319s 469ms/step - loss: 0.5028 - accuracy: 0.7928 - val_loss: 0.5496 - val_accuracy: 0.7384
    Epoch 6/10
    2812/2812 [==============================] - 1322s 470ms/step - loss: 0.4544 - accuracy: 0.8060 - val_loss: 0.5904 - val_accuracy: 0.7624
    Epoch 7/10
    2812/2812 [==============================] - 1321s 470ms/step - loss: 0.4577 - accuracy: 0.8072 - val_loss: 0.5925 - val_accuracy: 0.7605
    Epoch 8/10
    2812/2812 [==============================] - 1327s 472ms/step - loss: 0.4199 - accuracy: 0.8292 - val_loss: 0.5853 - val_accuracy: 0.7496
    Epoch 9/10
    2812/2812 [==============================] - 1335s 475ms/step - loss: 0.4062 - accuracy: 0.8252 - val_loss: 0.6605 - val_accuracy: 0.7506
    Epoch 10/10
    2812/2812 [==============================] - 1337s 475ms/step - loss: 0.4065 - accuracy: 0.8318 - val_loss: 0.6544 - val_accuracy: 0.7496
    <tensorflow.python.keras.callbacks.History at 0x7f97a002a198>
```

▲ 圖 7-12　訓練過程圖

7-4 RNN 實作 - 股價預測

這個章節要帶大家看 RNN 另一個經典案例 - 股票預測，股票也是時間序列型資料，每天的漲跌幅都跟未來息息相關，所以在處理時不太可能會把每天當成一筆筆互相獨立的資料。過去，金融業希望能找出一個強而有力的模型，不管預測股票或者期貨等等標的。但似乎目前都還未有一個非常強大的演算法，也有可能有人已經做出來，只是沒有公開發表，畢竟如果真的做出一個這麼強大的模型，應該每天根據演算法結果下單，就有源源不絕的鈔票入袋。而針對金融相關標的的預測，很多論文都嘗試提出一些新穎的方法，而有一派的作法是利用情感分析等外部資訊來增加預測水準（輿情，股價可能因為一些議題而波動，例如：病毒、川普貼文）。因此，可以利用上一篇情感分析的方法，來做為股票預測的特徵。另外，現在許多人嘗試使用深度增強式學習（Deep Reinforcement Learning）來預測股票，希望可以讓電腦自主去判斷下單的時間點，這次使用的是台灣 50 的股票預測，台灣 50 就是一次幫你買進台灣最大的 50 檔股票（例如，台積電），接下來就開始今天的實作。

首先一樣是將資料讀入，並觀察一下資料樣態，總共包含股票代號、日期、開盤價、最高價、最低價、收盤價、交易量等欄位。

```
stock = pd.read_csv('stock50.csv')
stock.head()
```

```
[ ] stock = pd.read_csv('stock50.csv')
    stock.head()
```

	Stock_num	Date	Open	High	Min	Close	Stock_trade
0	50	20170103	67.69	67.88	67.51	67.88	2331
1	50	20170104	67.98	68.07	67.74	67.84	4284
2	50	20170105	67.84	68.45	67.79	68.45	4573
3	50	20170106	68.40	68.69	68.40	68.59	3752
4	50	20170109	68.69	68.87	68.26	68.40	5038

▲ 圖 7-13　資料預覽圖

欄位	資料集內容
Stock_num	股票編號
Date	日期
Open	開盤價
High	最高價
Min	最低價
Close	收盤價
Stock_trade	交易量

接下來可以做一些資料前處理，例如：Max - Min Normalize，透過標準

化，會將特徵數據按比例縮放到 0 到 1 的區間，除了可以提升精準度也能優化梯度下降。此外，因為我們要預測的是收盤價格，所以會需要平移日期。

```
def normalize(df):
    norm = df.apply(lambda x: (x - np.min(x)) / (np.max(x) - 
np.min(x)))
    return norm

stock = stock.dropna()
stock['y'] = stock['Close'].shift(-1)
stock.iloc[:,2:4] = normalize(stock.iloc[:,2:4])
stock.head()
```

針對時間序列資料整理成訓練資料，把特徵整理成符合時間序列預測，例如：利用前五天預測一天，或者十天預測一天。

```
def train_windows(df, ref_day=5, predict_day=1):
    X_train, Y_train = [], []
    for i in range(df.shape[0]-predict_day-ref_day+1):

        X_train.append(np.array(df.iloc[i:i+ref_day,:-1]))

        Y_train.append(np.array(df.iloc[i+ref_day:i+
ref_day+predict_day]["y"]))
        return np.array(X_train), np.array(Y_train)
```

接下來就可以開始執行訓練，上一篇我們是自己利用 subclass API，這次嘗試改用 `tf.keras.Sequential` 的方式來執行，就像是：

```
class stock_lstm(keras.Model):
  def __init__(self,units):
      super(stock_lstm, self).__init__()
      self.rnn = Sequential([
layers.SimpleRNN(units,input_shape=(5,2),dropout=0.2,
return_sequences=True,unroll=True),layers.SimpleRNN(units,
dropout=0.2,unroll=True)])
      self.fc = layers.Dense(32)
      self.out = layers.Dense(1)
  def call(self, inputs, training=None):
      x = self.rnn(inputs)
      x = self.fc(x)
      out = self.out(x)
      return out
```

這就跟以前在使用 keras API 一樣，每層的連接方式會依照丟到 Sequential 的先後依序去做操作，對於一些簡單的任務使用上也更為便利。最後就進入模型的訓練，利用 model compile 以及 model.fit，針對股票預測的部分，損失可以選擇 MAE，MSE 等等損失函數，因為這個題目是屬於預測，就不能選擇 crossentropy 等用在分類任務的損失函數。

```
rnn_model = stock_lstm(units)
rnn_model.compile(optimizer=keras.optimizers.Adam(),
loss="mean_absolute_error",metrics=['mean_absolute_error'])
rnn_model.fit(data,epochs=epochs, validation_data=
data_test,shuffle=True)
```

這節大致上分享了如何將 RNN 實際應用在股票預測題目上，作者也曾經在金融業執行專案，當初所預測的標的是期貨相關產品，在資料科學或是做模型真的很需要領域的專業知識，所以對這個題目有興趣的朋友，也可以多認識一些基本的金融指標。

7-5 BERT 初探

在做語意相關研究的一定都聽過這個創造語意新世代的模型 - BERT，BERT 全名為 Bidirectional Encoder Representations from Transformer，其架構為 Transformer 中的 Encoder，是 Google 以無監督的方式利用大量無標註文本「訓練」的語言代表模型。以前在做語意分類任務時，通常先斷詞斷句，並使用一個龐大的語料庫（Corpus）做詞嵌入，或是使用預訓練模型，像是 Google-News 預訓練模型，最後接一個分類模型，但陸續發現一些問題，像是同字異義的詞，用同一組詞向量並無法充分表示其意義。

以現在很多大廠爭相在開發的智慧音箱為例，功能包含購物、聽音樂、查詢天氣 ...... 等等，當使用者對音箱說

Q：阿明阿明 我想買東西

理論上，可以順利分派到購物任務，但如果此時對音箱說

Q：阿明阿明 你是什麼東西？

由於模型只學習過『東西』這個詞，其他的字從未看過，而導致同樣進到購物任務裡，此時顧客可能會想要退貨，然後上網去留下負評，說這個音箱太爛了吧，還號稱人工智慧。

而今天要介紹的主角 - BERT，能力遠不止這樣，其架構精神為 Transfomer Encoder。BERT 主要的應用會是以預先訓練好的模型，後面接上需要微調（fine tune）模型。

- 使用訓練好的 BERT 模型，對自然語言已存在有一定「理解」
- 再將該模型用來做微調的 (監督式) 任務

接著會一步一步實際去微調語意分類的任務。如果想更進階的瞭解 BERT 的內部架構，可參考網路上的 ELMO&BERT 以及 Transformer 教學，很多人都提供了很完整的教材，讓大家可以一步一步建立完整的觀念。

這邊會使用常出現在情感分析教學的資料集 - IMDB，資料包含使用者對於電影的評論，還有該評論是屬於正面還是負面的標註。

```
comment: Oh yeah! Jenna Jameson did it again! Yeah Baby!
This movie rocks. It was one of the 1st movies i saw of her.
label: 1
```

接著照著 BERT Tensorflow 2.0 專案裡面的環境安裝教學，另外有一點需要注意，因為 BERT 這個專案一開始是搭配 Tensorflow 1.11，所以當你在使用 Tensorflow 2.0 時可能會誤觸很多雷，包括像是預訓練模型下載，2.0 的專案目前也還沒提供多國語言版本，但之後這個 2.0 的專案應該也會慢慢改善。

另外需特別注意的是，足夠的運算資源，在訓練過程中需要強而有力的 GPU 顯卡，官方有提到若欲使用與論文相同的超參數，使用的 GPU 總記憶體沒超過 12GB-16GB，就會遭遇記憶體不足的問題。官方也提供一份測試清單，使用 Titan X GPU（12GB RAM）來訓練，下表紀錄了在不同的模型大小、序列長度，批次量所能容忍的最大極限。

System	Seq Length	Max Batch Size
BERT-Base	64	64
BERT-Base	128	32
BERT-Base	256	16
BERT-Base	320	14
BERT-Base	384	12
BERT-Base	512	6
BERT-Large	64	12
BERT-Large	128	6
BERT-Large	256	2
BERT-Large	320	1
BERT-Large	384	0
BERT-Large	512	0

所以開始訓練前，先參考上方表格，了解欲設定之參數，是否會導致記憶體不足，在本節實作也將選用較小的預訓練模型 (BERT-Base, Uncased：12-layer, 768-hidden, 12-heads, 110M parameters)。

- 首先，下載 BERT 專案

```
git clone https://github.com/tensorflow/models/tree/master/
official/nlp/bert
```

- 從上方連結中，選擇適合的預訓練模型並下載，接著開始修改專案，而需要改動的部分就只要下面列出的檔案

```
├── classifier_data_lib.py(需要新增一個自己的 dataprocessor)
├── create_finetuning_data.py(小修改設定)
├── create_finetuning_data.sh(config)
├── dataset(轉換成 tf_record 格式的資料)
│   ├── IMDB_eval.tf_record
│   ├── IMDB_meta_data
│   └── IMDB_train.tf_record
├── uncased_L-12_H-768_A-12(下載的 pre-trained model)
│   ├── bert_config.json
│   ├── bert_model.ckpt.data
│   └── bert_model.ckpt.index
│   └── vocab.txt
├── imdb_data(imdb 整理好的 .tsv 檔 )
│   ├── train.tsv
│   ├── test.tsv
│   └── dev.tsv
```

- 在 classifier_data_lib.py 新增 data processor，主要就是定義每個資料的路徑 (Tips：可參考預設的 Processor，)，然後就是你的訓練資料與標註正解欄位，guid 就只是一個不重複的數字。在 data processor 會定義好存取訓練、驗證資料的位置，還有如何整理成可丟進模型的資料。

```
class ImdbProcessor(DataProcessor):
  """Processor for the IMDB data set."""

  def get_train_examples(self, data_dir):
    """See base class."""
    return self._create_examples(
        self._read_tsv(os.path.join(data_dir, "train.tsv")),
"train")
```

```
  def get_dev_examples(self, data_dir):
    """See base class."""
    return self._create_examples(
        self._read_tsv(os.path.join(data_dir, "dev.tsv")), "dev")


  def get_labels(self):
    """See base class."""
    return ["0", "1"]

  @staticmethod
  def get_processor_name():
    """See base class."""
    return "IMDB"

  def _create_examples(self, lines, set_type):
    """Creates examples for the training and dev sets."""
    examples = []
    for (i, line) in enumerate(lines):
      if i == 0:
        continue
      else:
        guid = "%s-%s" % (set_type, i)
        text_a = tokenization.convert_to_unicode(line[2])
        label = tokenization.convert_to_unicode(line[1])
      examples.append(
          InputExample(guid=guid, text_a=text_a, text_b=None,
label=label))
    return examples
```

在 `create_fintuning_data.py` 加上剛新增的 ImdbProcessor。

```
Line 44 ["COLA", "MNKI", "MRPC", "XNLI"]
Lines 101-106
processor = {
  "cola": classifier_data.lib.ColaProcessor,
  "mnli": classifier_data.lib.MnliProcessor,
  "mrpc": classifier_data.lib.MrpcProcessor,
  "xnli": classifier_data.lib.XnliProcessor,
  "imdb": classifier_data.lib.ImdbProcessor,
}
```

然後就可以透過跑 create_fintuning_data.py 把一開始的 tsv 資料，轉換成 tf_record 格式，會是以二進位存取，加快整個訓練，在設定檔中只要填上剛剛資料存放的路徑、模型路徑、剛剛創建的任務及輸出檔案路徑。

```
export IMDB_DIR=./imdb_data
export BERT_BASE_DIR=./uncased_L-12_H-768_A-12
export TASK_NAME=IMDB
export OUTPUT_DIR=./dataset

python3 create_finetuning_data.py \
 --input_data_dir=${IMDB_DIR}/ \
 --vocab_file=${BERT_BASE_DIR}/vocab.txt \

 --train_data_output_path=${OUTPUT_DIR}/${TASK_NAME}_train.tf_record \
 --eval_data_output_path=${OUTPUT_DIR}/${TASK_NAME}_eval.tf_record \
 --meta_data_file_path=${OUTPUT_DIR}/${TASK_NAME}_meta_data \
 --fine_tuning_task_type=classification --max_seq_length=128 \
 --classification_task_name=${TASK_NAME}
```

最後就進入重頭戲，開始微調 BERT 模型，這邊示範訓練了 3 個 epoch，而批次量只有設定 4，但在訓練時 GPU 的記憶體就會需要超過 31GB（本次訓練使用的 NVIDIA Tesla V100）。

```
export BERT_BASE_DIR=./uncased_L-12_H-768_A-12
export MODEL_DIR=./model_output
export IMDB_DIR=./dataset
export TASK=IMDB

CUDA_VISIBLE_DEVICES=6 \ # 如果要指定特定 GPU
python run_classifier.py \
  --mode='train_and_eval' \
  --input_meta_data_path=${IMDB_DIR}/${TASK}_meta_data \
  --train_data_path=${IMDB_DIR}/${TASK}_train.tf_record \
  --eval_data_path=${IMDB_DIR}/${TASK}_eval.tf_record \
  --bert_config_file=${BERT_BASE_DIR}/bert_config.json \
  --init_checkpoint=${BERT_BASE_DIR}/bert_model.ckpt \
  --train_batch_size=4 \
  --eval_batch_size=16 \
  --steps_per_loop=1 \
  --learning_rate=2e-5 \
  --num_train_epochs=3 \
  --model_dir=${MODEL_DIR} \
  --strategy_type=mirror # 如果要使用 TPU 的話這邊要做更改
```

本次訓練總共拿了 20000 筆資料訓練，5000 筆驗證，這邊可以看到雖然只訓練了 3 個 epoch，但是在驗證資料集的準確率也有 88%，當然這邊只是最簡單的用原始資料直接丟到 BERT 裡面，完全沒有做任何的前處理，有興趣的讀者，可以像前面的章節先做一些資料前處理，像評論中其實包含了很多 HTML 標籤、特殊符號，所以第一步要先把這些都濾掉，第二步刪除停用詞，之後在丟進 BERT 模型，經過上述的前處理後，應該可以使準確度在上升一些。

```
{'train_loss': 0.0003554773866198957, 'total_training_steps':
14997, 'last_train_metrics': 1.0, 'eval_metrics': 0.8838232159614563}
```

這章節只是讓讀者快速了解如何在最短時間執行 BERT 訓練，加深對 BERT 的印象而不再只是遠觀。隨後會附上 Google 提供的 Colab，有興趣的讀者可以按照 Colab 一步一步實作。

7-6 實務技巧分享

最後分享從事語意相關的研究心得，在 BERT 尚未發表前，覺得語意相較影像而言，商轉的能力相對比較弱 (市面比較多的語意應用可能是在聊天機器人方面，比較像是某個產品中附屬的功能，不像人臉辨識本身就可以包裝成一個產品)，另外就是不像影像有一些標竿模型，在做人臉辨識可能會拿這些預訓練模型去做微調，但當 BERT 發表後，對語意研究人員有極大的幫助。

1. 詞嵌入（Word Embedding）

前面曾提到，如果是使用英文，可以拿 Google news 預訓練好的詞向量來運算，但對其他語言可能就沒有那麼幸運，要先下載一個很大的語料庫（例如：Wikipedia），斷詞斷句並刪除停用詞（Stop word）後，再開始訓練詞嵌入，實務上也會遇到一些問題，例如：臺灣團隊在東南亞提供服務（印尼、菲律賓），當你可能在做分類任務發現結果不好時，回過頭要來檢查，但因為語言不通，勢必又要請當地的人員幫忙確認斷詞斷句的結果，一來一往相當耗時，另外每個國家都有專屬的詞嵌入模型，在管理方面又是個難題，更新語料庫的頻率等都是需要考量的，最後則是針對語言轉換的部分，當我們在說話的時候，常常會夾雜著其他語言，所以當如果今天只下載中文的語料庫做訓練，其他語言在進行詞嵌入的時候，都會被取代成未知詞，可能造成後面模型訓練不佳，而在 BERT 中，提供了多國語言的預訓練模型，直接把數個國家詞嵌入結合，讓語意工程師在使用上也相對方便。

2. 語意理解大躍進

過去為客戶開發語意系統，建立光是查天氣、聽音樂等情境，是交由語意人員去窮舉使用者在情境下可能會使用的句子（必須提供足量的句子作為資料讓神經網路去學習），是相當耗人力成本，若要進攻多國市場，必須先建置龐大的語意人員團隊，去思考情境並建立所需要的句子文本，又或者客戶希望語意系統完成特定的問答任務，這就仰賴客戶去建立常見問題。但 BERT 問世後，它在類似像閱讀測驗的表現甚至贏過人類，所以對於像是客服系統，不需要再仰賴人工去整理常見問題，可以利用 BERT 去讀客服人員回覆顧客的逐字稿，進而做到自動化客服，當然這也不侷限在客服系統，舉凡像是員工入職時候讀的員工手冊，有許多文件屬於條列形式，透過 BERT 模型可直接完成一問一答，這都是目前具有潛力的商轉服務。

而語意的應用也越來越多元，除了比較常見的情感分析（Sentiment Analytics）、對話機器人（Chatbot）之外，如何添加情感分析至搜尋引擎內，也是一個值得探討的課題，傳統上搜尋引擎只考慮字出現次數和把一些常出現的停用詞分數調降，利用這樣的演算法去搜尋最相似的結果，但這樣的演算法無法解決一些語意的問題，下面講解目前的搜尋引擎系統可能會遇到的問題。

7-7 案例說明

以一個導購網站為例，當使用者搜尋「東京 行程」，希望結果列出所有旅遊行程網站所提供的行程，卻發現結果寥寥可數，但若更換搜尋詞「東京 行程 CLOOK」，就得到所有相關行程，使用者會想說該不會要切換成各個旅遊行程網站去做搜尋，才可以得到所有結果，而這可能是因為在比較搜尋句子和文檔相似度時，因為該文檔內文只包含東京和 CLOOK，所以當第一次搜尋「東京 行程」時，因為相似度過低，所以沒有被挑選。

介紹以下三個方法以改善搜尋的準確度。

▲ 圖 7-14　ShopForward 搜尋圖

▲ 圖 7-15　ShopForward 搜尋圖

1. 詞向量距離

前面有提到，當在語意任務時，第一步驟都是將句子斷詞斷句並轉成向量，所以當詞嵌入模型訓練得當時，整個模型可以學到語意關係，所以輸入兩個同意字時，可以利用兩個詞向量之間的距離去判斷詞之間的相似程度，所以可以把搜尋演算法改成詞向量間距離的加總，這樣就可以同時考慮到語意關係。

2. 同義詞產生

也可以利用一些套件自動產生出同義詞，增加搜尋到正確答案的機會，例如前面搜尋的「東京 行程」，可以透過套件將行程的同義詞產生出來「行程、旅遊、景點」，而在這個例子中利用景點去做搜尋就可以得到正確的結果。

3. 神經網路預測

最後，當然也可以利用神經網路去預測下一次可能搜尋的句子，剛剛前面的例子就可以整理成下面的格式丟進神經網路模型做訓練。

X	Y
東京 行程	東京 行程 CLOOK

就如前面所提，因為 BERT 的發表，讓語意研究又開始蓬勃發展，隨著智慧音箱的使用，使用者也漸漸希望搜尋的引擎可以加入一些語意的辨別，當使用者在跟智慧音箱對話時，是可以像聊天一樣在做查詢，而不是像我們在瀏覽器做搜尋時只打出關鍵字。筆者也觀察到，近期部分購物網站，也希望導入語意搜尋，來改善使用者的搜尋體驗。

CHAPTER

08

推薦系統（Recommendation System）

8-1 推薦系統介紹

這個章節將會來討論推薦系統，現今大家的生活環境充滿了推薦系統的應用，不管是在 Youtube 聽音樂或者是在商城購物，都充斥著推薦系統的演算結果。而什麼是推薦系統？推薦系統是一個用來預測使用者偏好，並期盼透過推薦系統來增加企業營收或者增加其他效益。推薦系統演算法有非常多種，接下來會一一説明：

1. 隨機推薦：

   隨機推薦是系統隨機產出一組結果當作推薦結果，隨機投遞商品或物品給使用者。不要小看隨機推薦，在某些場景上，隨機推薦的結果可能會比你運算非常久的結果還要好。這個方法看似簡單，但在很多場景卻有著意想不到的效果。例如我們在線上聽音樂或者看影片時旁邊的推薦結果時常太單一化，這時如果忽然推薦一個使用者從來沒看過的影片，常常會有奇效。

2. 依照熱門排序：

   透過熱度或者點閱率等等方式來直接推薦商品，對於某些時效性議題或商品非常有效！例如：最近很紅的動物森友會……等等。可能直接透過簡單的對顧客輪廓進行統計，就可以得到一個不錯的推薦效果。

▲ 圖 8-1　推薦書列

3. 以內容基礎的推薦（Content-based filtering）：

   針對產品內容進行分析推薦，有時候像是針對冷啟動（Cold star）問題（全新商品），還沒有使用者使用並回饋。是有良好的效果。因為針對新的商品，還是會有商品屬性等等特徵（例如：飲品 - 咖啡類）。就可透過這些商品屬性分析去歸類及推薦。而像是以內容基礎推薦很常看到的就是利用商品屬性矩陣，利用相似度進行計算分析。最後結果通常可解釋性也較高，像是替每項商品分類並加上該類別的標籤。或者是說在廣告的推薦上，也就是利用一些廣告內容直接預測點擊率（例如：羅吉斯回歸或者 XGBoost 等）。

4. 協同過濾（Collaborative Filtering）：

   針對像是想要推薦“買了什麼東西，還會買什麼東西”，這樣的情境，而這樣的情境其中一種解決方案就是使用協同過濾。而協同過濾可分為兩類演算法 Model-based（例如，LSTM）以及 Memory-based（例如：User-based or Item-based）。

   - Model-based：

     利用過去使用者歷史資料訓練出一個模型進行預測，像是利用 LSTM 來做時間序列資料的預測，當今天看完第一集，接下來可能會想看第二及第三集等等的。而 Spotify 就曾經使用 RNN 做為音樂推薦系統。

   - Memory-based：

     基於使用者的相似度來推薦商品，此假設在於相似的人會喜歡相似的產品。例如：User-based 方法就是首先搜集使用者資訊，接下來利用相似度搜尋相似使用者（例如：Cosine-similarity），最後產生推薦結果（例如：Top-k）

R =

梨泰院Class	李屍朝鮮	愛的迫降	怪奇物語
5		?	5
?	4		
	?	3	
2			?

▲ 圖 8-2　評分矩陣

最後，來討論一下推薦系統最常遇到的問題。

- 冷啟動（Cold Start）：

  推薦系統最常討論的就是 Cold start 問題，當今天有一個新的用戶或者新的商品的時候，該如何為新用戶推薦商品又或者新商品應該推薦給哪些用戶？這是一個經典的推薦系統問題。而常見的解法如前面所提到，可能會以新商品的屬性，或者新用戶的特徵等等的方式來做推薦。

- 探索問題（Exploit & Explore, EE）：

  Exploit，是指使用已知用戶偏好來做分析，Explore，則是指探索使用者未知的興趣或者偏好。如何透過一個好的推薦系統來做這些情境。可能例如一部分使用模型預測、一部分使用熱門、一部分使用隨機等等的方法。而如何取捨，應以商務面考量或者 A-B test 等方式去執行。在實務上，有許多公司會透過推薦系統來探索使用者的偏好或者增加使用者的偏好進而提升黏著度。例如：透過顧客分群，刻意推薦用戶此群體沒有在聽的音樂類型，若推薦成功可增加黏著度。

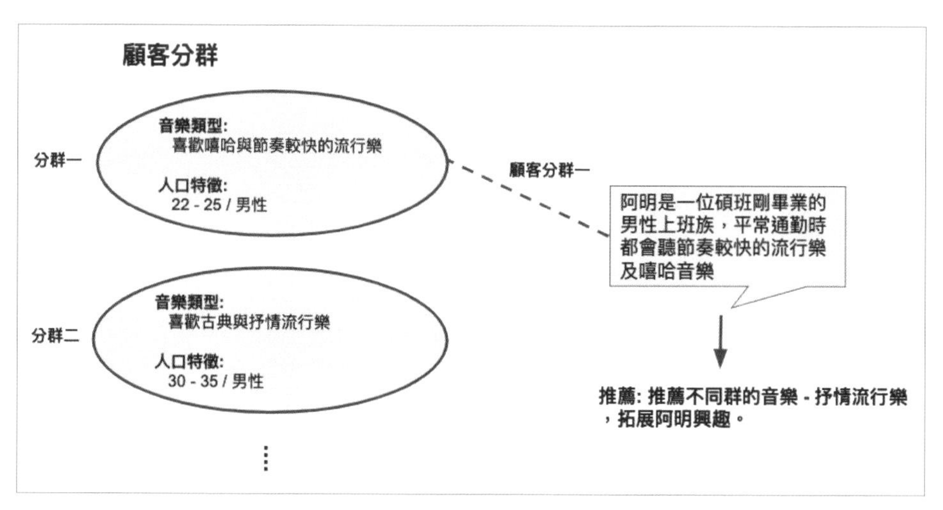

▲ 圖 8-3　拓展情境

8-2 Wide & Deep 推薦系統介紹

此章節所討論的主題為 Google 於 2016 年在 Google Play 上所實做的推薦系統，而此演算法已被開源於 Tensorflow 上。

Wide & Deep Learning for Recommender Systems

Heng-Tze Cheng, Levent Koc, Jeremiah Harmsen, Tal Shaked, Tushar Chandra, Hrishi Aradhye, Glen Anderson, Greg Corrado, Wei Chai, Mustafa Ispir, Rohan Anil, Zakaria Haque, Lichan Hong, Vihan Jain, Xiaobing Liu, Hemal Shah

(Submitted on 24 Jun 2016)

Generalized linear models with nonlinear feature transformations are widely used for large-scale regression and classification problems with sparse inputs. Memorization of feature interactions through a wide set of cross-product feature transformations are effective and interpretable, while generalization requires more feature engineering effort. With less feature engineering, deep neural networks can generalize better to unseen feature combinations through low-dimensional dense embeddings learned for the sparse features. However, deep neural networks with embeddings can over-generalize and recommend less relevant items when the user-item interactions are sparse and high-rank. In this paper, we present Wide & Deep learning---jointly trained wide linear models and deep neural networks---to combine the benefits of memorization and generalization for recommender systems. We productionized and evaluated the system on Google Play, a commercial mobile app store with over one billion active users and over one million apps. Online experiment results show that Wide & Deep significantly increased app acquisitions compared with wide-only and deep-only models. We have also open-sourced our implementation in TensorFlow.

▲ 圖 8-4 Wide & Deep 論文

在這篇論文中，認為其實推薦系統可以被視為一個檢索＋排序的系統，透過對推薦系統進行檢索，並找到分數（例如：點擊率）較高的物品推薦給使用者。而這個檢索＋排序系統的資料輸入就是使用者的人口特徵（例如：男女或者年齡），以及行為特徵（例如：安裝或者搜尋 App 紀錄），並將這些資訊透過某些準則進行排序，並將推薦的物品清單輸出。

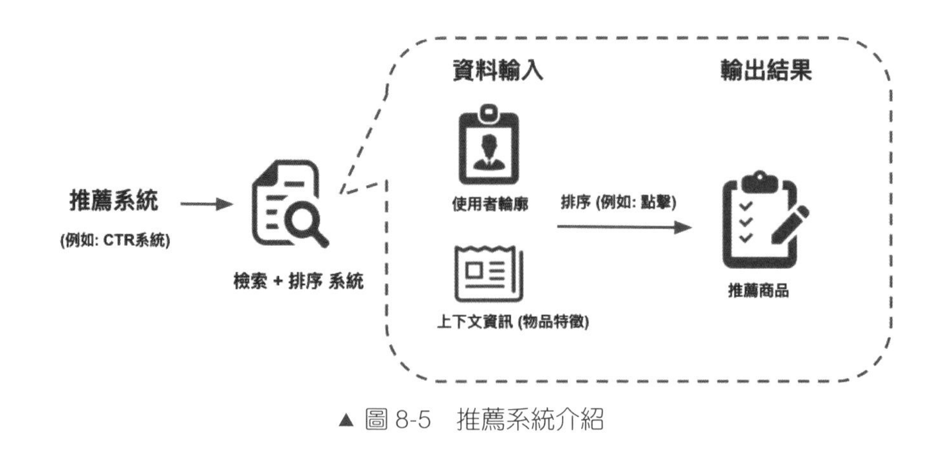

▲ 圖 8-5 推薦系統介紹

當使用者進入 Google Play，系統會針對使用者特徵以及頁面資訊對資料庫做檢索，從資料庫選出最有可能會點選的產品（Top item），基於模型所預測出的結果做排序。而模型 1 所訓練的資料則是從使用者過去的行為及人口特徵資料所萃取出來。針對 Google 所提出的推薦系統的資料架構為下圖：

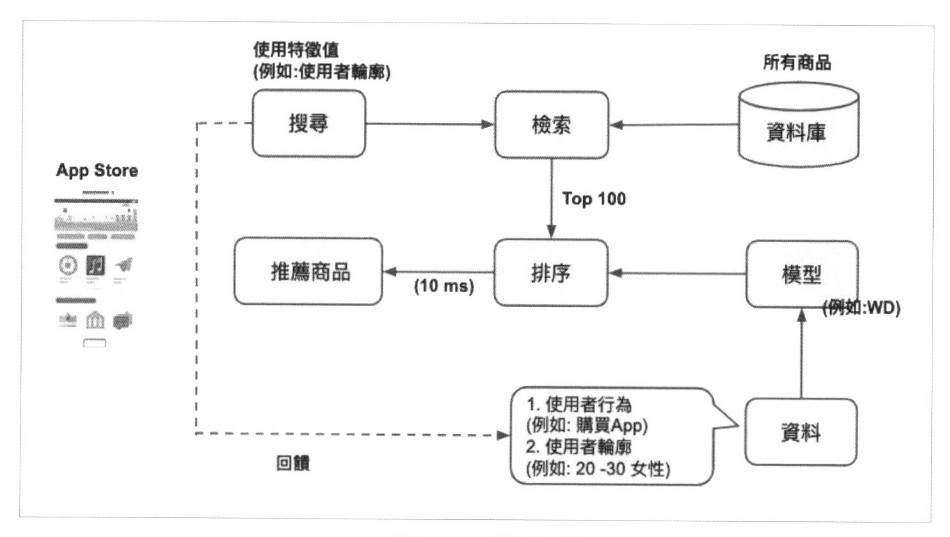

▲ 圖 8-6　資料架構

其中，Wide & Deep 對 Google 研究來說，是有設定 Wide & Deep 各自的任務。Wide 模型希望利用歷史資料進行學習。透過歷史曾經發生的關係，達到精準預測（將歷史資料發揮淋漓盡致）。Deep 模型希望透過這個模型找到新的特徵組合，以增加模型預測結果的多樣性。接下來簡單的說明 Deep & Wide 各自的模型：

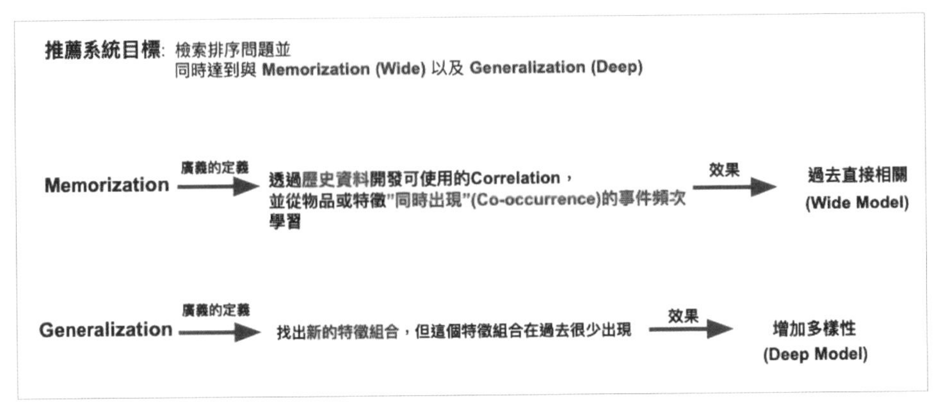

▲ 圖 8-7　Wide & Deep 模型

接下來簡單的說明 Deep & Wide 各自的模型的任務：

首先針對 Wide 模型來說，主要是使用 GLM 中的羅吉斯回歸（Logistic Regression）來預測（經典的廣告點擊率預測模型）。優點是模型簡單、擴充性高（Spark MLlib 已經有開源，可直接使用 API）、可解釋性等優點。所以工程師可以專注於處理特徵，打造特徵海（寬的原因）。此模型較為特別的地方，在特徵處理的部分，他使用的 Cross product 的特徵轉換（圖 8-8）。例如：Cross_product_transformatopn（feature〔Gender，Age〕）→ feature〔M×0_18，M×19_25，……〕）。

此外，此模型的優化器跟過去不一樣，過去都是使用隨機梯度下降，而在 Wide Model 他是使用 2013 Google 在 KDD 上發表的文章（FTRL 更早就有被發表），FTRL 主要是梯度進行微調，在 Wt+1 step 中，對第一步跟當下算出來的權重進行最小化，也就是說希望新的解跟當下算出來的解不要差太遠，讓 gradient 步伐小一點。此外他也加入 L1 regularization，讓找出的解稀疏一點，進而達到特徵選取的功能。

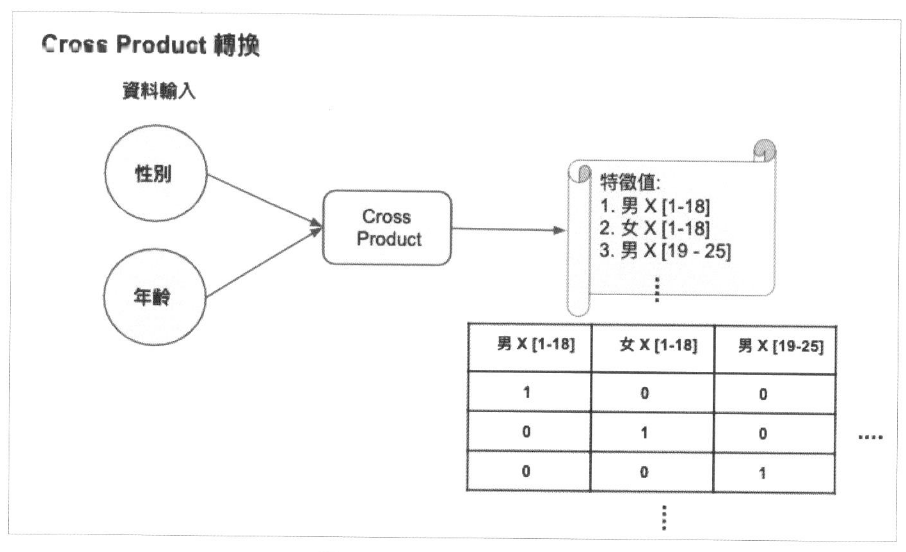

▲ 圖 8-8　Cross Product 轉換

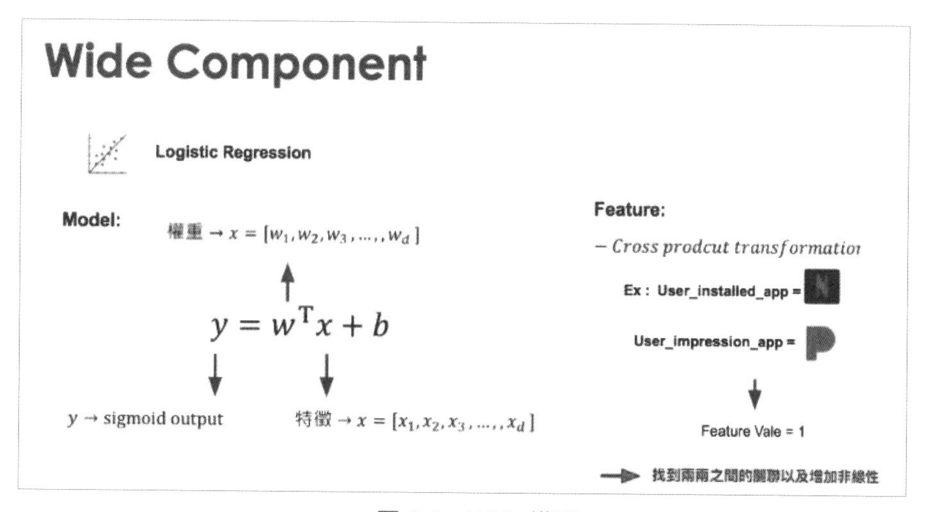

▲ 圖 8-9　Wide 模型

針對 Deep 來說，其實就是使用 DNN 來預測。使用 One-hot encode 去轉類別型的特徵，而使用的方式先將大量高維度的矩陣先映射到 Embedding layer，希望透過這個方式能找到一些隱藏特徵。這樣的模型有一個很大的優點就是減少工程師花在特徵工程的時間。缺點的部分就是因為將高維度映射到一個較低維度的 Embedding layer，也就是說透過 32 維度來表示可能原來 1 萬維度的是否安裝什麼樣的 app 這個維度。致使一些資訊合併，讓某些商品或者利基商品無法被預測。

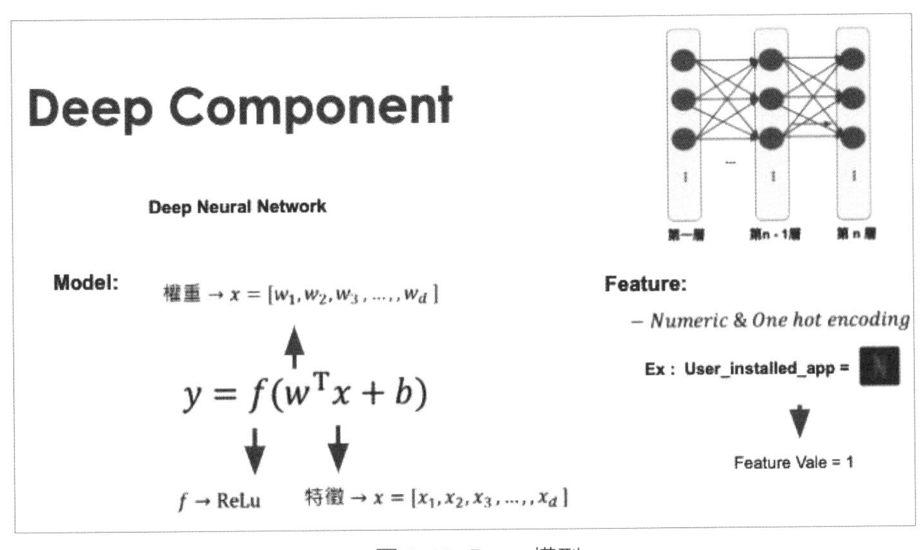

▲ 圖 8-10 Deep 模型

最後會把兩個 Deep 模型跟 Wide 模型做 Joint training，有點類似 Ensemble 的概念。其中，Ensemble 的概念簡單來說就是 - 一個打不贏，那我找多一點人一起來挑戰，也可說是三個臭皮匠，勝過一個諸葛亮。透過產生多個分類器來共同完成預測的任務。經典的方法有：Bagging 以及 Boosting。兩個雖然都是使用多個模型來處理任務，他們最大的差別就是 Joint Training 是同時訓練，並共用誤差來調整模型。而 Ensemble 主要是在模型最後要預測的時候去共同調整預測結果。

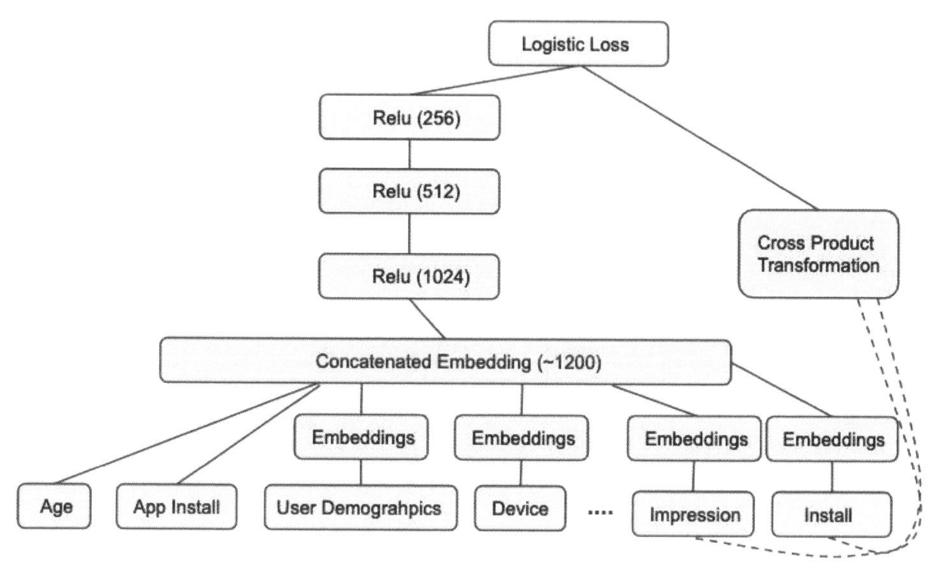

▲ 圖 8-11　Joint Training

8-3 Deep & Wide 模型 Lab

接下來我們來跑一下 Deep & Wide：

首先我們會使用這份資料，這份資料是官方 Deep & Wide 模型教程所使用的資料集。

▲ 圖 8-12　Adult Census 資料集

這個任務就是要透過人口收入特徵資料集來預測收入狀況。而預測完的結果可用以推薦像是高收入的人推薦豪宅或者高昂的消費性產品。資料欄位包含：性別、年齡、教育等等。資料如以下圖及表列。

欄位	資料集內容
age	年齡
work class	工作類別
education	職業
maritial_status	婚姻狀況
occupation	職業

欄位	資料集內容
relationship	關係
race	種族
gender	性別
capitall_gain	收入
capital_loss	支出
house_per_week	每週工時
native_area	出生國家
income	收入等級

```
adult = pd.read_csv('adult.csv')
adult.head()
```

	age	workclass	fnlwgt	education	education.num	marital.status	occupation	relationship	race	sex	capital.gain	capital.loss	hours.per.week
0	90	?	77053	HS-grad	9	Widowed	?	Not-in-family	White	Female	0	4356	40
1	82	Private	132870	HS-grad	9	Widowed	Exec-managerial	Not-in-family	White	Female	0	4356	18
2	66	?	186061	Some-college	10	Widowed	?	Unmarried	Black	Female	0	4356	40
3	54	Private	140359	7th-8th	4	Divorced	Machine-op-inspct	Unmarried	White	Female	0	3900	40
4	41	Private	264663	Some-college	10	Separated	Prof-specialty	Own-child	White	Female	0	3900	40

▲ 圖 8-13　Adult Census 資料集

```
CSV_COLUMNS = [
"age", "workclass", "fnlwgt", "education", "education_num",
"marital_status", "occupation", "relationship", "race", "gender",
"capital_gain", "capital_loss", "hours_per_week", "native_country",
"income_bracket"]
```

接下來，會使用轉變資料欄位，在 tf 2.X 裡面，tf.feature 這個 API，可以用來定義資料轉換。相當於之前的 tf.contrib 裡面的一些 API。`tf.feature_column` 這個 API 下。

例如：

使用 tf.feature_column.categorical_column_with_vocabulary_list

```
gender = tf.feature_column.categorical_column_with_vocabulary_
list("gender", ["Female", "Male"])
```

或者用 hash bucket 轉化類別型資料。

```
occupation = tf.feature_column.categorical_column_with_hash_
bucket("occupation", hash_bucket_size=1000)
```

而像前面所提到的 Cross featuce 轉換就可以直接使用這個 API。

```
crossed_columns = [
tf.feature_column.crossed_column(
["education", "occupation"], hash_bucket_size=1000),
tf.feature_column.crossed_column([age_buckets, "education",
"occupation"], hash_bucket_size=1000),
tf.feature_column.crossed_column(
["native_country", "occupation"], hash_bucket_size=1000)]
```

另外，看一些 tf 1.X 的 API 的時候，若在 tf 2.X 找不到，可以去找 tf.compat.v1 下面找，例如：tf.compat.v1.estimator.inputs.pandas_input_fn。接下來我們使用 tensorflow 裡面的 API 來定義訓練函數：

```
def build_estimator(model_dir, model_type):
    """Build an estimator."""
    if model_type == "wide":
      m = tf.estimator.LinearClassifier(
      model_dir=model_dir, feature_columns=base_columns +
crossed_columns)
```

```
    elif model_type == "deep":
      m = tf.estimator.DNNClassifier(
        model_dir=model_dir,
        feature_columns=deep_columns,
        hidden_units=[100, 50])
    else:
      m = tf.estimator.DNNLinearCombinedClassifier(
      model_dir=model_dir,
      linear_feature_columns=crossed_columns,
      dnn_feature_columns=deep_columns,
      dnn_hidden_units=[100, 50])
    return m
```

最後就可以直接訓練跟驗證了。

```
m = build_estimator(model, model_type='wide_n_deep')
train_and_eval('/content/model','wide_n_deep',10,False,False)
```

```
model directory = /content/model
accuracy: 0.7997666
accuracy_baseline: 0.76377374
auc: 0.84654844
auc_precision_recall: 0.6017185
average_loss: 0.44745764
global_step: 10
label/mean: 0.23622628
loss: 0.44744694
precision: 0.7292645
prediction/mean: 0.29096293
recall: 0.24232969
```

▲ 圖 8-14　模型結果

8-4 實務經驗與結論

筆者在此分享一些推薦系統於廣告應用上的實務經驗。廣告的推薦上最常遇到的問題為，推薦太精準受眾數量太少，沒辦法消化掉所有廣告主的預算。成因有可能為，模型太精準，受眾數量不夠多，達不到廣告主預期的成效（例如，模型預測 100 人，但廣告主想要買 1000 個點擊）。上述所說的會造成收益無法提升。解決的方案主要為，透過 Recall（實際有點擊的人，有多少人可以被模型所預測）的調整針對 CTR（Click Through Rate）調整出一個既能保持 CTR 且能消耗預算的受眾量。一般來說，廣告的資料是非常不平衡的 (多數情況下，可能一萬個才有一兩個點擊)，在衡量模型上，也不能使用 Accuracy 的方法來衡量會失真（大多預測結果的準確度都是 99%）。所以在資料不平衡下，因當去針對實際有點擊的人進行調整門檻，可在有較佳的 CTR 下增加受眾。除了機器學習模型上，在廣告實務應用面，有時會發現使用單純的統計方法篩選會比機器學習複雜的運算上擁有較佳的廣告成效。因此，推薦系統或者受眾貼標都會用以當受眾數量未達廣告主成效時，使用計算相似度來擴大受眾的手段（錦上添花）。

推薦系統是現在企業不可或缺的系統，透過此系統除了可以增加銷售量也能增加黏著度。除了 Deep & Wide，Google 後來又要推出一個進階版本 Cross & Deep 大家可以參考。此外，其實現今有許多推薦系統大家可以參考使用像是 DeepFM（Wide 取代成 Factorization Machines）也都有不錯的效果。在這邊推薦一個 Python 的套件 DeepCTR 這個套件實作了很多相關的演算法。拿來做模型效果的測試是一個不錯的方式。

CHAPTER

09

從 Auto-Encoder 到 GAN

9-1 非監督式學習（Unsupervised Learning）

非監督式學習則是當今天資料都是沒有真實標記（Y），如何透過特徵找出一些特徵群組。常見的使用場景：資料分群、特徵降維等。經典的非監督式學習就是 K-Means。簡單來說，透過資料相似度，例如：計算資料點歐式距離，可得到差異來針對各個資料點進行分群。近年來非監督式學習廣受大家討論，除了因為真實的資料大多為無標記的資料之外，GAN（Generative Adversarial Network）的迅速發展讓非監督式學習跨出巨大的一步。

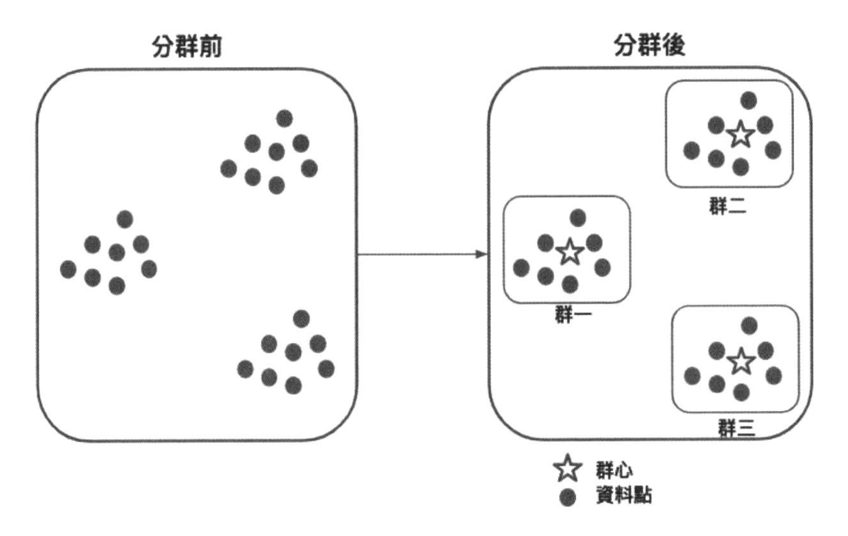

▲ 圖 9-1　非監督式學習

9-2 自動編碼器 (Auto-Encoder)

針對深度學習的發展，除了經典的監督式模型，近期更是發展了許多非監督式模型的突破。尤其是最近很夯的 DeepFake 可以把任何影片中的人物的臉部轉變成你想要變成的人，就是利用 GAN 模型的方法。此章節探討深度學習中，最基本的非監督式網路 - Auto-Encoder，其核心概念有兩個部分編碼器（Encoder）及解碼器（Decoder）。Encoder 可被理解為將資料中重要的抽象特徵萃取出來，而 Decoder 就是利用擷取出的重要抽象特徵還原成原始的資料樣態。Auto-Encoder 的完整流程就是透過 Encoder 將資料壓縮，或者可以看成投射到低維度的空間，最後利用 Decoder 將資料解碼到相同維度，並希望輸入資料與輸出資料要越相似越好。其中圖 9-2 的壓縮資訊（Compressed representation）可被理解為低維度中的重要特徵或者最精簡且重要的 representation。

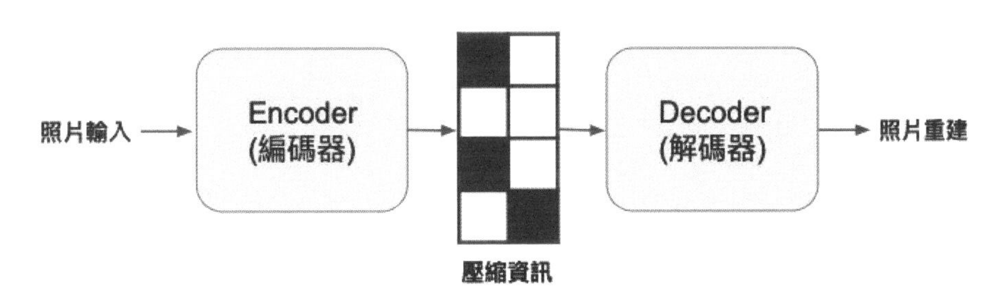

▲ 圖 9-2　AutoEncoder

而 Encoder 跟 Decoder 的架構其實就是使用深度神經網路（DNN）來訓練 Auto-Encoder，而其架構不一定要對稱（Symmetric）。舉例一個實務例子：以 NLP（Natural Language Processing）為例，給定一詞袋（Bag of

Word）包含數十萬的文字與編號，利用 Auto-Encoder 訓練後，得到壓縮資訊，並透過視覺化及分析，可將壓縮資訊進行貼標（Tagging）。在新的文字輸入時，可透過此方法得到文字標籤。

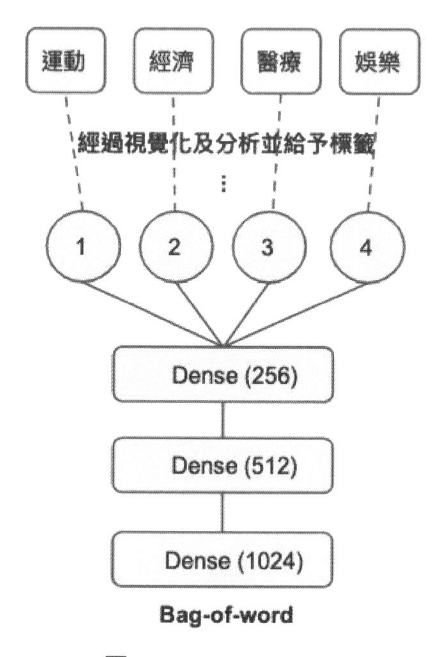

▲ 圖 9-3　Auto-Encoder

在實務或者比賽上，有時候會嘗試使用 AutoEncoder 做為特徵降維（Dimention Reduction）的手段。透過將資料輸入，經過 AutoEncoder 後，可以將原本高維度的資料將資訊合併至低維度資料並將之做為新的特徵或者取代原有資料輸入。

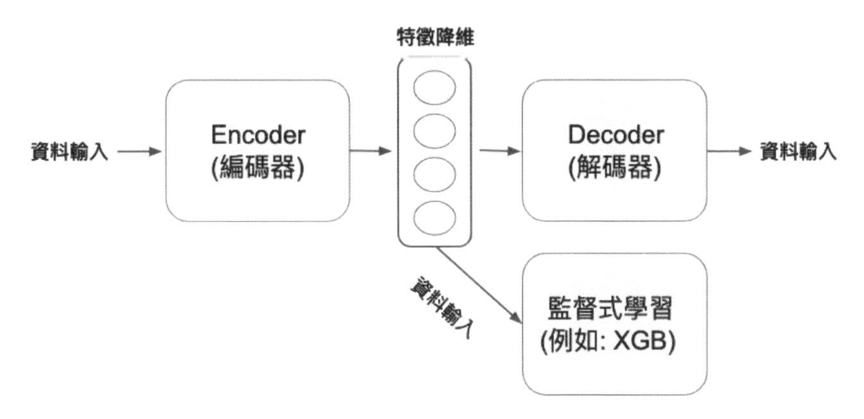

▲ 圖 9-4　特徵降維度作法

9-3 自動編碼器 (Auto-Encoder) 實作

本節實作所使用的資料集是 Fashion MNIST，首先是資料處理，在做非監督式學習的時候，是不需要使用真實標記（Y）的資料，若是使用開放資料或者 Kaggle 的資料，需把標記先移除，再來進行非監督式的任務。因此在讀取資料過程，要轉成 Tensor 的只有輸入（X）的部分。轉完 Tensor 後，可以直接使用 tf.data 建立資料流（Data Pipeline）來做資料處理 ETL。

```
(x,y),(x_test,y_test) = datasets.fashion_mnist.load_data()
data = tf.data.Dataset.from_tensor_slices(x)
data = data.map(feature_scale).shuffle(10000).batch(128)
```

接下來使用 Sequential 來定義 Auto-Encoder 模型主體，利用 layer.Dense 來建構神經網路，其架構如下圖：

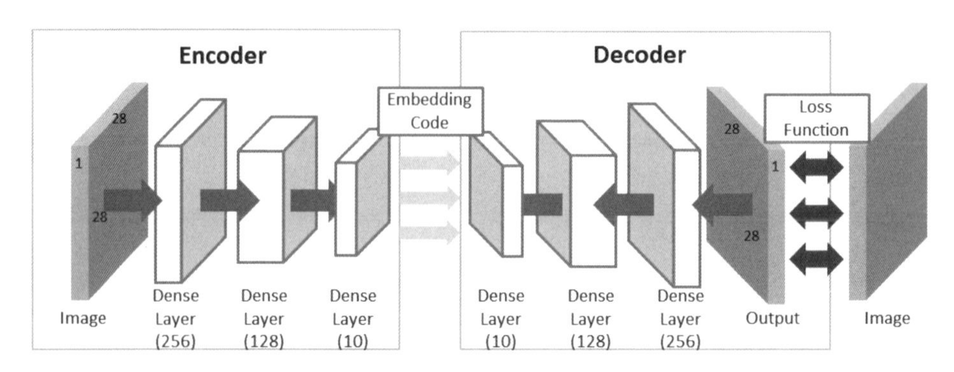

▲ 圖 9-5　AutoEncoder

Auto-Encoder 模型架構的概念，就是串接全連接層。記得將 Encoder 跟 Decoder 分開來建構，以利後續可使用 Encoder 輸出結果與其他模型比較輸出來確認問題或銜接其他模型架構。下方程式碼分為兩部分：一部分為 Encoder，另一部分為 Decoder。

```
class AE(keras.Model):
    def __init__(self):
      super(AE,self).__init__()
    #encoder
      self.model_encoder = Sequential([layers.Dense(256,
activation=tf.nn.relu),
      layers.Dense(128,activation=tf.nn.relu),
      layers.Dense(dim_reduce,activation=tf.nn.relu),])

    #decoder
      self.model_decoder = Sequential([layers.Dense(128,
activation=tf.nn.relu),
      layers.Dense(256,activation=tf.nn.relu),
      layers.Dense(784,activation=tf.nn.relu),])
```

```
    def call(self, inputs, training=None):
        x = self.model_encoder(inputs)
        x = self.model_decoder(x)
        return x
```

顯示所建構的兩個 Sequential 模型的參數量，如下圖所示。

```
model = AE()
model.build(input_shape=(None,784))
model.summary()
```

```
[ ] model = AE()
    model.build(input_shape=(None,784))
    model.summary()

    Model: "ae_1"
    _________________________________________________________________
    Layer (type)                 Output Shape              Param #
    =================================================================
    sequential_2 (Sequential)    multiple                  235146
    _________________________________________________________________
    sequential_3 (Sequential)    multiple                  235920
    =================================================================
    Total params: 471,066
    Trainable params: 471,066
    Non-trainable params: 0
    _________________________________________________________________
```

▲ 圖 9-6　AutoEncoder 模型

定義模型完成後，接著要訓練模型，方法跟前面章節所介紹的相似。但在訓練 AutoEncoder 時不需要將標記（Y）進行 One-Hot Encoding，直接使用 binary_crossentropy 作為損失函數來衡量輸入 Encoder 跟 Decoder 輸出的數值差異。

```
optimizer = optimizers.Adam(lr=lr)
for i in range(10):
    for step,x in enumerate(data):
      x = tf.reshape(x,[-1,784])
      with tf.GradientTape() as tape:
        logits = model(x)
        loss = tf.losses.binary_crossentropy(x,logits,
from_logits=True)
        loss = tf.reduce_mean(loss)
      grads = tape.gradient(loss,model.trainable_variables)

optimizer.apply_gradients(zip(grads,model.trainable_variables))
```

```
0 0 loss: 0.6958069801330566
0 100 loss: 0.6913936138153076
0 200 loss: 0.6895027160644531
0 300 loss: 0.6814191937446594
0 400 loss: 0.6716337203979492
1 0 loss: 0.6685395836830139
1 100 loss: 0.6702823638916016
1 200 loss: 0.668688178062439
1 300 loss: 0.6679184436798096
1 400 loss: 0.663908064365387
2 0 loss: 0.6615546941757202
2 100 loss: 0.6618489027023315
2 200 loss: 0.6658333539962769
2 300 loss: 0.6615105271339417
2 400 loss: 0.6638119220733643
3 0 loss: 0.6648842096328735
3 100 loss: 0.6675413846969604
3 200 loss: 0.6641777753829956
3 300 loss: 0.6622064113616943
3 400 loss: 0.6561150550842285
```

▲ 圖 9-7　訓練過程

比較用 AutoEncoder 訓練前後與真實圖片的比對。在進行 10 個 Epochs 的訓練後，結果有逐漸與輸入的圖像更相似。

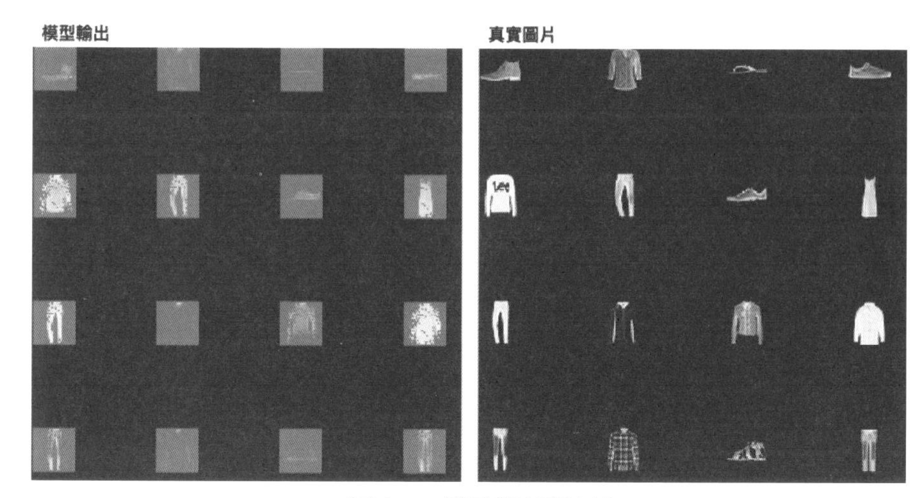

▲ 圖 9-8　模型與真實比較

9-4 Variational Auto-Encoder(VAE)

Auto-Encoder 的目標就是希望利用深度學習網絡，透過降維（Encoder）以及升維（Decoder），來訓練整個模型。其最終目標是希望能找到關鍵維度並使最初輸入的資料跟輸出的結果越相近越好。而單純的 Aurto-Enooder 還是有一些效能上的限制，在維度還原的時候仍會發生問題。因此，就有了 Variational Auto-Encoder（VAE）。

簡單來說，VAE 加入了一些噪音進去 Auto-Encoder 學習，透過常態分配（Normal Distribution）的抽樣讓結果更好。除此之外，在衡量模型的部分，他使用了 KL divergence。KL divergence 用以衡量分配相似度，也就是前面提到輸入與輸出的分配差異性。下圖為 VAE 的架構圖：

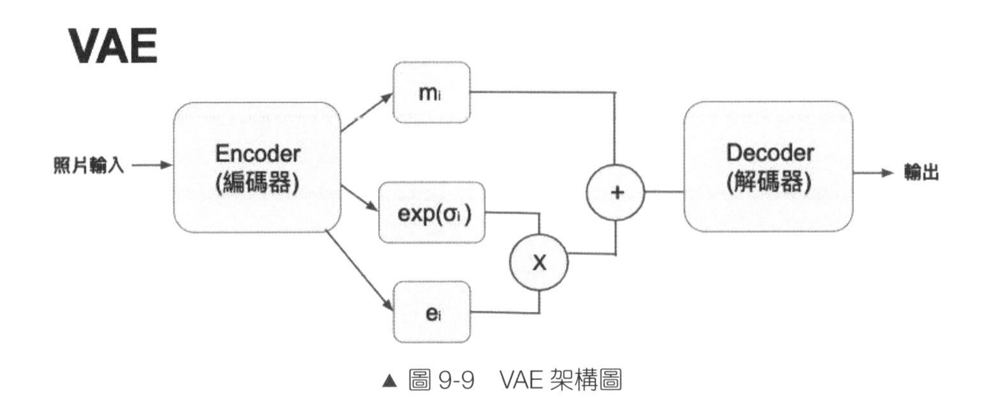

▲ 圖 9-9　VAE 架構圖

9-4 Variational Auto-Encoder(VAE) 實作

這一節將實作 VAE，同樣使用 Fashion MNIST 資料集，詳細方式請參考前述說明。

```
(x,y),(x_test,y_test) = datasets.fashion_mnist.load_data()
data = tf.data.Dataset.from_tensor_slices(x)
data = data.map(feature_scale).shuffle(10000).batch(128)
```

VAE 的模型重點為先定義 Encoder 各層，而每一層都是 Dense 所組成，並接著 Encoder，計算輸出的平均值（Mean）跟方差（Variance）。針對平均值跟方差的結果，透過下方所定義的 Reparameter Function 進行計算，將所有合併起來成一個前向傳播的呼叫函數（Call Function）。

```
class VAE(keras.Model):
    def __init__(self):
        super(VAE,self).__init__()
```

```
#encoder
  self.fc_layer_1 = layers.Dense(128)
  self.fc_layer_2 = layers.Dense(dim_reduce)
  self.fc_layer_3 = layers.Dense(dim_reduce)
  self.fc_layer_4 = layers.Dense(128)
  self.fc_layer_5 = layers.Dense(784)

def model_encoder(self, x):
  h = tf.nn.relu(self.fc_layer_1(x))
  mean_fc = self.fc_layer_2(h)
  var_fc = self.fc_layer_3(h)
  return mean_fc,var_fc

def model_decoder(self, z):
  out = tf.nn.relu(self.fc_layer_4(z))
  out = self.fc_layer_5(out)
  return out

def reparameter(self,mean_x,var_x):
  eps = tf.random.normal(var_x.shape)
  std = tf.exp(var_x)**0.5
  z = mean_x + std*eps
  return z

def call(self, inputs, training=None):
  mean_x,var_x = self.model_encoder(inputs)
  z = self.reparameter(mean_x,var_x)
  x = self.model_decoder(z)
  return x,mean_x,var_x
```

簡單檢驗模型以及計算模型參數量

```
model = VAE()
model.build(input_shape=(4,784))
optimizer = optimizers.Adam(lr=lr)
model.summary()
```

```
Model: "vae"
_________________________________________________________________
Layer (type)                 Output Shape              Param #
=================================================================
dense (Dense)                multiple                  100480
_________________________________________________________________
dense_1 (Dense)              multiple                  1290
_________________________________________________________________
dense_2 (Dense)              multiple                  1290
_________________________________________________________________
dense_3 (Dense)              multiple                  1408
_________________________________________________________________
dense_4 (Dense)              multiple                  101136
=================================================================
Total params: 205,604
Trainable params: 205,604
Non-trainable params: 0
_________________________________________________________________
```

▲ 圖 9-10　VAE 參數

進入到訓練模型的步驟，特別注意到 KL divergence 是需要額外編寫的部分。主要會透過 tf.reduce_sum(tf.nn.sigmoid_cross_entropy_with_logits)/ x.shape[0] 來計算誤差，並使用 KL divergence 計算損失函數，最後在利用這個損失來更新參數

```
for i in range(10):
    for step,x in enumerate(data):
        x = tf.reshape(x,[-1,784])
        with tf.GradientTape() as tape:
```

```
            logits,mean_x,var_x = model(x)
            loss = tf.nn.sigmoid_cross_entropy_with_logits(labels=
x,logits=logits)
            loss = tf.reduce_sum(loss)/x.shape[0]
            kl_div = -0.5*(var_x+1-mean_x**2-tf.exp(var_x))
            kl_div = tf.reduce_sum(kl_div)/x.shape[0]
            loss = loss + 1.*kl_div
        grads = tape.gradient(loss,model.trainable_variables)
        optimizer.apply_gradients(
        zip(grads,model.trainable_variables))
```

- 將 VAE 輸出結果與 AE 比較後，發現 VAE 所還原的效果更佳。

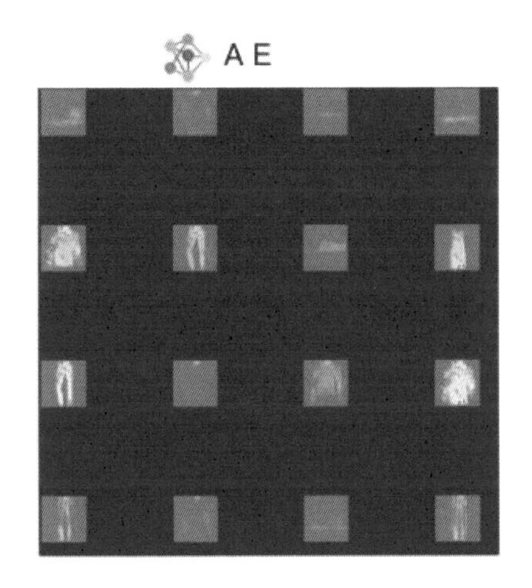

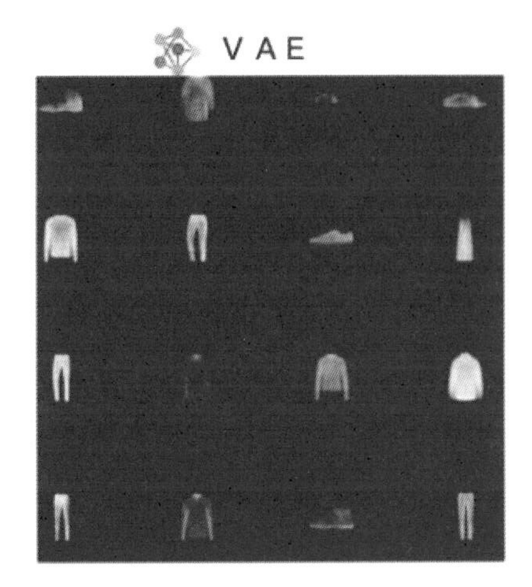

▲ 圖 9-11　VAE 結果

9-5 生成對抗網路 (Generative Adversarial Network)

這節來探討近期討論熱烈的生成對抗網路（Generative Adversarial Network，GAN），而最近很多新聞或者很多 Youtuber 都在討論他的應用，例如：DeepFake 或者一些人像修圖應用，皆屬於 GAN 的應用。GAN 是在 2014 年由 Ian Goodfellow 提出生成生成對抗網路，這個方法一提出後，大幅突破了非監督式以及神經網路的學習，躍升近期討論度最高的深度學習技術。

GAN 模型的架構如何組成的？

GAN 主要由兩個模型：Generator（生成器）和 Discriminator（判別器）組成。首先說明 Generator 的功能，Generator 的目標就是當你輸入一個序列（Array）的時候，他能依照你的序列特徵來生成目標（例如：〔1，1，1〕代表光頭、170 以上、男生，〔0，1，0〕代表長髮、170 以上、女生）。接下來是 Discriminator 的功能，Discriminator 的目標就是當 Generator 生成照片時，可以透過這個網路針對生成的照片做評分或者說驗證品質。因此，這兩個模型擁有著不同的目標並且相互對抗。最常見且易懂的舉例就是，假鈔跟驗證假鈔，Generator 就是一位負責做假鈔的小偷，Discriminator 則是一位警察並來檢驗所做出的鈔票是否為假鈔。又或者說，我們可將 Generator 跟 Discriminator 視為學生跟老師的關係。

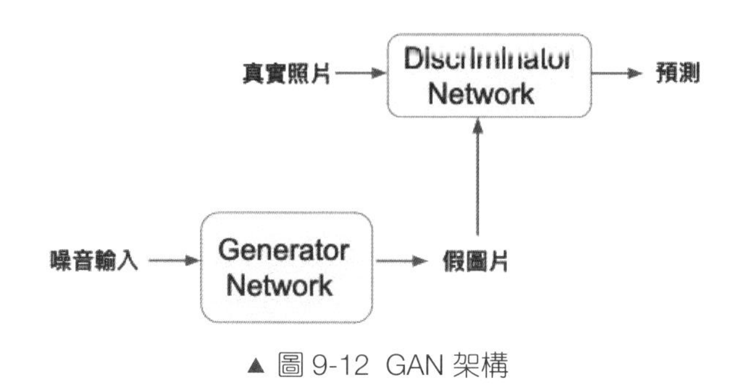

▲ 圖 9-12 GAN 架構

在訓練 GAN 的過程如下，Generator 會不斷想辦法 " 騙過 "Discriminator。而 Discriminator 會努力的去判別，所以雙方會不斷的進步成長。其中，只有 Discriminator 會看過真實的圖片，Generator 完全不會，因此 Generator 才能透過這樣的訓練過程，產出沒有看過的照片。GAN 已廣泛被應用在許多地方，有興趣的朋友可以搜尋 GAN Zoo 來閱讀新應用。以下舉三個常見的 GAN 的應用案例：

1. Pix2Pix：

   Pix2Pix 主要是採用 cGAN 網路的結構，透過像是增加 U-Net 或 Skip-Connection 等不同機制，強化 GAN 的效果。而可應用在像是圖像的還原或修圖。常見的應用就是在各大相機 APP 裡面的後製效果，將素描轉換成彩色圖片或者將彩色圖片轉成素描圖片。

2. Cycle GAN：

   主要由 Pix2Pix 演化而來，Pix2Pix 主要均必須要有成對的照片來訓練（例如，素描跟彩色）。在實務應用上，不一定能找到這麼多的成對照片來學習。因此有 Cycle GAN 可不需要成對照片的訓練。應用上就是將灰階圖片轉成彩色圖片，網路上有使用 Cycle GAN 將野馬轉為斑馬的影片。

3. PixelDTGAN：

   PixelDTGAN 應用則是可透過一個複雜的圖，從中萃取，或者產生所需要的部分的圖。舉例來說：今天我看到一個模特兒身上穿了好看的上衣，而我想要在網路上找到相似的上衣。這時 PixelDTGAN 就可以派上用場，透過演算法可以萃取出衣服並使用以圖搜圖等功能找到商品。

9-6 GAN 實作 LAB-1

這節來實作 GAN，GAN 的組成有 Generator 以及 Discriminiator。而 Generator 任務就是產生圖片來騙過 Discriminator，Discriminator 的任務就是努力判斷 Generator 所產生圖片的品質。在實作上，相較於之前的 Auto-Encoder，GAN 大部分都是使用卷積層（Convolution Layer），而不像 Auto-Encoder 多由全連接層 (Dense layer) 組成。對各層的設定或者激活函數（Actvation function）的選擇都要更加謹慎，因為 GAN 的訓練過層較容易不穩。

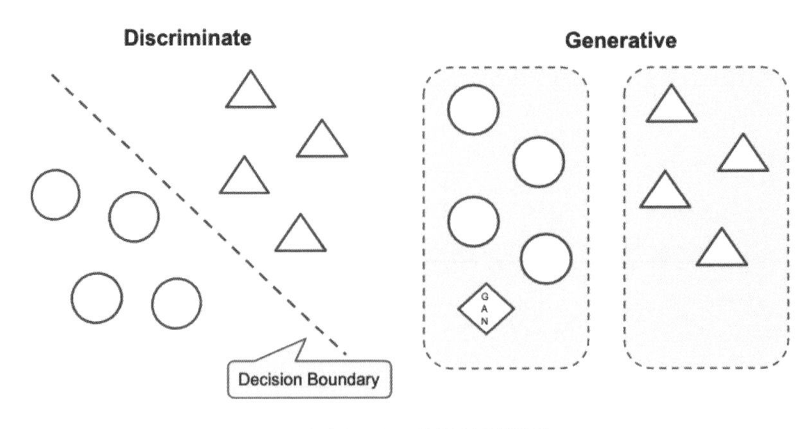

▲ 圖 9-13　GAN 示意圖

Discriminator Network

直觀上，Discriminator 就是一個圖片分類器，用以判斷 Generator 生成圖片的優劣。來看一下如何定義 Discriminator，可以直接先透過 Call Function 來看前向傳播的架構。由 Conv → BN → Con → BN ⋯→ Flatern → Dense，注意激活函數的部分都是使用 Leaky ReLu（Leacky ReLu 跟 ReLu 最大差別就是當值小於 0 的時候的差別，ReLu 只要小於 0 均為 0，Leaky ReLu 則仍會有值，如圖 9-14 所示）

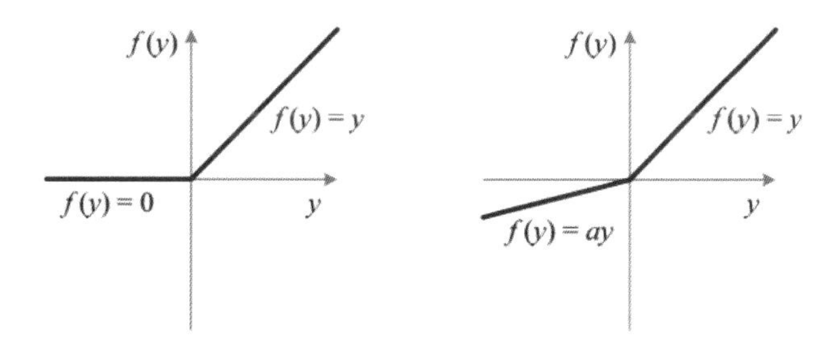

▲ 圖 9-14　Relu 以及 Leaky Relu

```
class Discriminator(keras.Model):
    def __init__(self):
        super(Discriminator,self).__init__()
        self.conv_1 = layers.Conv2D(64,5,3,'valid')
        self.conv_2 = layers.Conv2D(128,5,3,'valid')
        self.bn_1 = layers.BatchNormalization()
        self.conv_3 = layers.Conv2D(256,5,3,'valid')
        self.bn_2 = layers.BatchNormalization()
        self.flatten = layers.Flatten()
        self.fc_layer = layers.Dense(1)

    def call(self, inputs, training=None):
```

```
        x = tf.nn.leaky_relu(self.conv_1(inputs))
        x = tf.nn.leaky_relu(self.bn_1(self.conv_2(x),training=
training))
        x = tf.nn.leaky_relu(self.bn_2(self.conv_3(x),training=
training))
        x = self.flatten(x)
        x = self.fc_layer(x)
        return x
```

Generator Network

Generator 主要作為一個圖片產生器，透過一個低維度的矩陣，還原成一張正常的圖片。在 Generator 中，會使用 Conv2DTranspose（反卷積），把特徵還原成圖像的概念（如圖 9-15）。在還原圖像的 API 上，有些人會有疑惑說 UpSampling2D 跟 Conv2DTranspose 有什麼差別？ UpSampling2D 主要是以 Pooling 的概念回推成原本圖像，而 Conv2DTranspose 則是使用一般卷積的操作回推。

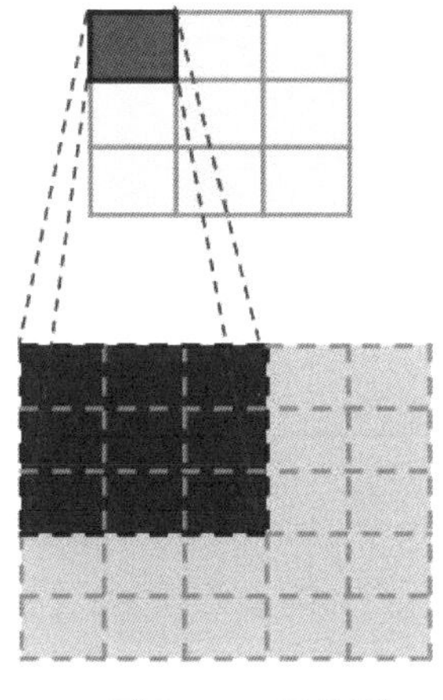

▲ 圖 9-15　反卷積

接下來，可以直接先透過 Call function 來看前向傳播的架構。

Input → Dense → Conv Transpose → BN → ... → Tanh

```
class Generator(keras.Model):
    def __init__(self):
        super(Generator,self).__init__()
        self.fc_layer_1 = layers.Dense(3*3*512)
        self.conv_1 = layers.Conv2DTranspose(256,3,3,'valid')
        self.bn_1 = layers.BatchNormalization()
        self.conv_2 = layers.Conv2DTranspose(128,5,2,'valid')
        self.bn_2 = layers.BatchNormalization()
        self.conv_3 = layers.Conv2DTranspose(3,4,3,'valid')

    def call(self, inputs, training=None):
        x = self.fc_layer_1(inputs)
        x = tf.reshape(x,[-1,3,3,512])
        x = tf.nn.relu(x)
        x = self.bn_1(self.conv_1(x),training=training)
        x = self.bn_2(self.conv_2(x),training=training)
        x = self.conv_3(x)
        x = tf.tanh(x)
        return x
```

- 完成 Generator 和 Discriminator 的建置。接下來就可以做簡單的測試。

```
g = Generator()
d = Discriminator()
x = tf.random.normal([1,64,64,3])
```

```
z = tf.random.normal([1,100])
prob = g(x)
print(prob)
out = d(x)
print(out.shape)
```

```
x = tf.random.normal([1,64,64,3])
z = tf.random.normal([1,100])
prob = g(x)
print(prob)
out = d(x)
print(out.shape)

tf.Tensor(
[[[[-5.07458695e-04  8.00373848e-04 -2.39310582e-04]
   [-1.42937497e-04  1.85758283e-04 -1.39470329e-03]
   [-1.79153786e-03 -2.83525093e-04 -4.73423075e-04]
   ...
   [ 1.15402823e-03  1.08104423e-05 -6.01928565e-04]
   [-3.33229073e-05  6.26340916e-04 -7.83988391e-04]
   [ 2.69759941e-04  4.90645878e-04 -1.81727938e-03]]

  [[-5.21908281e-04 -3.95908923e-04  3.45010514e-04]
   [-1.45137732e-04  6.46646658e-04  8.26917938e-04]
   [ 5.04842727e-04 -2.88895426e-05  1.63484452e-04]
   ...
   [-2.82559398e-04 -2.52541358e-05  8.27054086e-04]
   [-1.22206495e-03  3.18750564e-04 -5.44366194e-04]
   [-2.49203295e-04 -3.21527012e-04  8.03112707e-05]]
```

▲ 圖 9-16　GAN 結果

9-7 GAN 實作 LAB-2 MNIST

這節來實際測試一經典資料集 MNIST，透過經典的資料集來理解像 GAN 這種相對難的演算法，對於讀者來說應該更能理解 GAN。

- 首先，直接透過 tf 的 API 來匯入 MNIST 資料集

```
(x_train, _), (x_test, _) = keras.datasets.mnist.load_data()
```

- 進行資料前處理，並轉成 tf.data 的格式，透過 tf.data 的 pipeline 可以去設計資料處理的流程：

```
x_train = x_train.astype(np.float32) / 255.
train_data = tf.data.Dataset.from_tensor_slices(x_train).shuffle
(batch_size*4).batch(batch_size).repeat()
```

- 資料處理完後，我們可以來定義 Generator 以及 Discriminiator 的模型。這部分可參考前一節的模型定義。直接測試模型產生的樣態，透過一個簡單的隨機噪音，並放入尚未訓練前的 Generator 所創造出來的圖片，以及 Discriminator 判別的結果。

```
g = Generator()
d = Discriminator()
noise = tf.random.normal([1, 100])
generated_image = g(noise, training=False)
plt.imshow(generated_image[0, :, :, 0], cmap='gray')
```

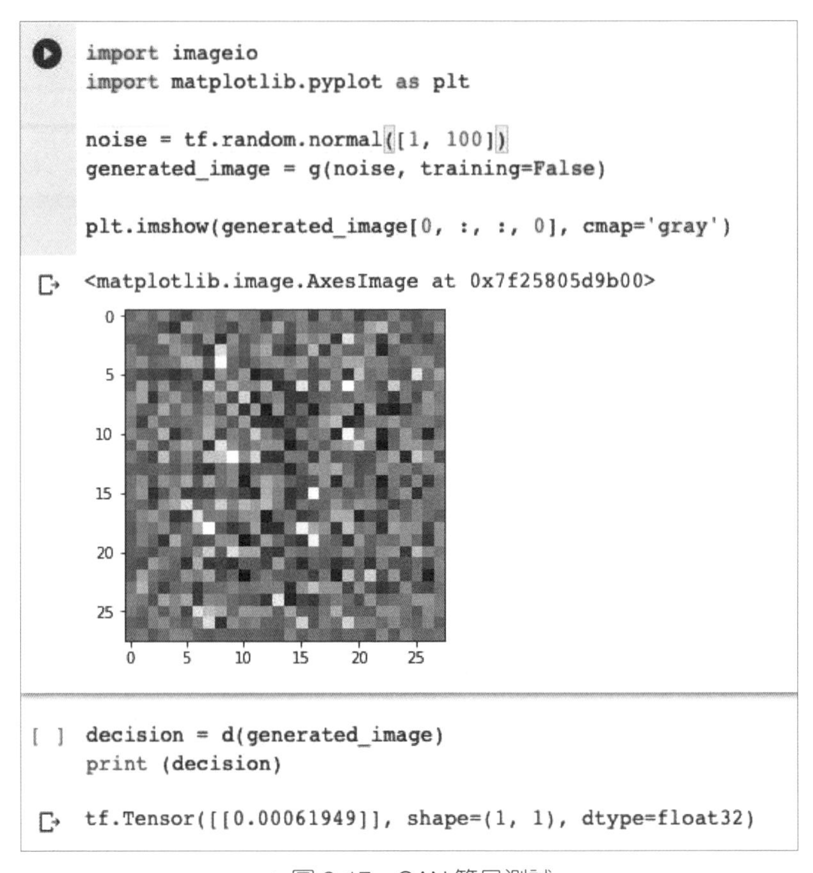

▲ 圖 9-17　GAN 簡易測試

■ 針對 GAN 模型，使用 model.summary() 確定參數量以及模型架構

```
generator = Generator()
generator.build(input_shape=(batch_size, z_dim))
generator.summary()
discriminator = Discriminator()
discriminator.build(input_shape=(batch_size, 28, 28, 1))
discriminator.summary()
```

```
Model: "generator_2"
_________________________________________________________________
Layer (type)                 Output Shape              Param #
=================================================================
dense_3 (Dense)              multiple                  235008
_________________________________________________________________
conv2d_transpose_6 (Conv2DTr multiple                  1179904
_________________________________________________________________
batch_normalization_6 (Batch multiple                  1024
_________________________________________________________________
conv2d_transpose_7 (Conv2DTr multiple                  524416
_________________________________________________________________
batch_normalization_7 (Batch multiple                  512
_________________________________________________________________
conv2d_transpose_8 (Conv2DTr multiple                  2049
=================================================================
Total params: 1,942,913
Trainable params: 1,942,145
Non-trainable params: 768
_________________________________________________________________
Model: "discriminator_1"
_________________________________________________________________
Layer (type)                 Output Shape              Param #
=================================================================
conv2d_3 (Conv2D)            multiple                  1088
_________________________________________________________________
conv2d_4 (Conv2D)            multiple                  131200
_________________________________________________________________
batch_normalization_8 (Batch multiple                  512
_________________________________________________________________
conv2d_5 (Conv2D)            multiple                  524544
_________________________________________________________________
batch_normalization_9 (Batch multiple                  1024
_________________________________________________________________
flatten_1 (Flatten)          multiple                  0
_________________________________________________________________
dense_4 (Dense)              multiple                  4097
=================================================================
```

▲ 圖 9-18　GAN 模型參數

- 定義 GAN 的損失函數，而 Generator 跟 Discriminator 的損失函數定義是不同的。
- Discriminator：目的是判斷 Generator 所產生的圖片與真實圖片作判別！

```
def dis_loss(generator, discriminator, input_noise, real_image,
is_trainig):
    fake_image = generator(input_noise, is_trainig)
    d_real_logits = discriminator(real_image, is_trainig)
    d_fake_logits = discriminator(fake_image, is_trainig)
    d_loss_real = loss_real(d_real_logits)
    d_loss_fake = loss_fake(d_fake_logits)
    loss = d_loss_real + d_loss_fake
    return loss
```

- Generator：目的是透過 Noise 產生圖片後，嘗試去騙過 Discriminator 的結果（fake_loss）。

```
def gen_loss(generator, discriminator, input_noise, is_trainig):
    fake_image = generator(input_noise, is_trainig)
    fake_loss = discriminator(fake_image, is_trainig)
    loss = loss_real(fake_loss)
    return loss
```

而其中 loss_real 以及 loss_fake 就是透過 Discriminator 輸出的 loss 去計算 `tf.nn.sigmoid_cross_entropy`。比較有差距的就是標籤的部分，一個是針對真實圖片去計算（標籤為 1）另一個是針對假圖片計算（標籤為 0）

```
def loss_real(logits):
    return
tf.reduce_mean(tf.nn.sigmoid_cross_entropy_with_logits(logits=
logits, labels=tf.ones_like(logits)))

def loss_fake(logits):
    return
```

```
tf.reduce_mean(tf.nn.sigmoid_cross_entropy_with_logits(logits=
logits,labels=tf.zeros_like(logits)))
```

定義損失函數後，接著建構整個訓練流程，記得 Generator 跟 Discriminator 的 tf.GradientTape() 要分別去編寫，權重亦是分別進行更新。

```
for epoch in range(epochs):
    batch_x = next(train_data_iter)
    batch_x = tf.reshape(batch_x, shape=inputs_shape)
    batch_x = batch_x * 2.0 - 1.0
    batch_z = tf.random.normal(shape=[batch_size, z_dim])
    with tf.GradientTape() as tape:
      d_loss = dis_loss(generator, discriminator, batch_z,
batch_x, is_training)
    grads = tape.gradient(d_loss, discriminator.trainable_variables)
    d_optimizer.apply_gradients(zip(grads, discriminator.
trainable_variables))
    with tf.GradientTape() as tape:
      g_loss = gen_loss(generator, discriminator, batch_z,
is_training)
    grads = tape.gradient(g_loss, generator.trainable_variables)
    g_optimizer.apply_gradients(zip(grads, generator.trainable_
variables))
```

最後簡易測試模型訓練後的結果，輸出的圖像與手寫數字相當接近。

```
noise = tf.random.normal([1, 50])
generated_image = generator(noise, training=False)
plt.imshow(generated_image[0, :, :, 0], cmap='gray')
```

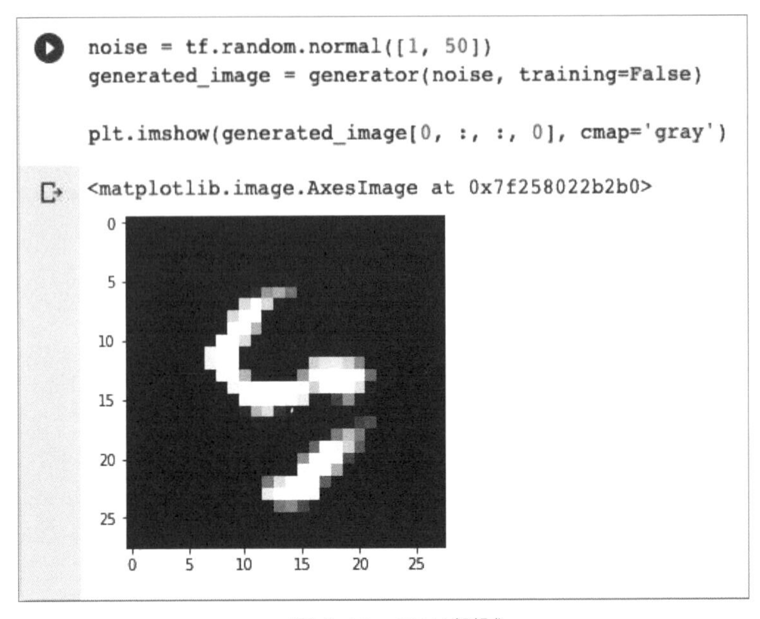

▲ 圖 9-19　GAN 測試

生成對抗網路為最近熱議的話題，經由小批的真實資料可以自我產生大批的仿真資料。對非監督式學習是一個大幅的進步。尤其，非監督式學習對業界來講是一個非重要的議題，因為多數場景下，資料都是沒有標注的。常常需要聘請“數據標記師”來處理大量的無標記資料，才能轉成使用監督式學習。雖然 GAN 的發展帶來了科技的進步，但也帶來了許多衍生議題（例如：DeepFake）。使用 GAN 將影片的主角無縫的換成其他主角，導致一些假新聞或者假資訊誤導民眾。

CHAPTER

10

增強式學習（Reinforcement Learning）

一般來說機器學習，除了監督式學習（Supervised Learning）與非監督式學習（Unsupervised Learning），還有增強式學習（Reinforcement Learning，RL），增強式學習就像是動物在野外生活生存，找到食物可以獲得飽餐一頓，找不到就會挨餓，如此學習到狩獵或搜集食物的技巧，即便環境變化也能逐漸學習到更多適應環境的技巧。在 2016 年 Alpha Go 在圍棋比賽中擊敗人類後，人們沒想到僅透過一個機器學習演算法，就能擊敗世界最強的圍棋手。增強式學習就是其背後最重要的演算法，並逐漸開始變熱門。

10-1 什麼是增強式學習 RL

RL 主要可由主體（Agent）、動作（Action）、獎勵／回饋（Reward）、狀態（State）及環境（Environment）所組成。主要概念為觀察環境取得當下狀態後執行動作，以得到最佳收益為目標。其核心概念就是嘗試錯誤（Trial and Error），並不斷的學習達到最大利益的方式。簡單說明流程，先建立一個 Agent，在與環境互動的過程中學習。每次執行動作後，Agent 都會收到回饋與下一個狀態，透過不斷的學習來適應環境。

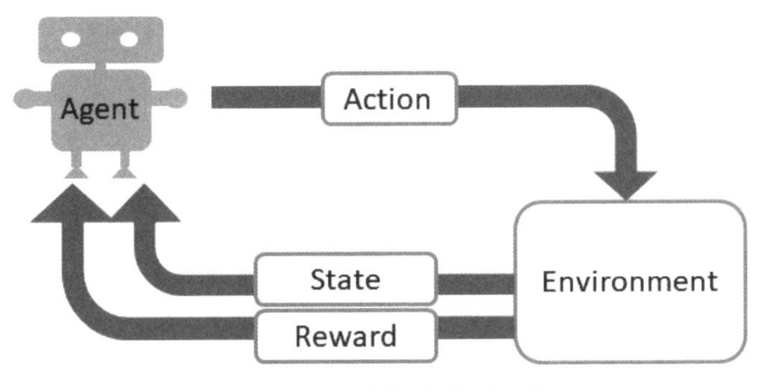

▲ 圖 10-1　增強式學習互動

1. 主體：執行的動作與環境進行互動。
2. 動作：主體藉由自身策略進行的動作。
3. 獎勵、回饋：環境給予主體在執行動作後的獎勵、懲罰或回饋。
4. 狀態：特定時間點下主體所處在的狀態。
5. 環境：主體所處在的環境範圍，根據執行的動作給予不同程度的獎勵。

而增強式學習有三個重要的概念：

- 策略（Policy）：從環境的狀態跟回饋去選擇動作的映射方式，針對環境所對應的準則，即稱為策略。
- 價值函數（Value Function）：將狀態轉為價值的函式。RL 希望最佳化價值函數。
- 環境模型（Model）：模擬所處環境的現象

RL 演算法可以透過分類方式區分目的，其中先以介紹環境模型分類，根據是否建立環境模型進行學習，可分為基於現實環境（Model-Free）跟基於環境模型（Model-Based），Model-Free 是直接從現實中的反饋來學習，從每一部中去嘗試學習最優的策略，經過多次迭代得到最佳的方法，而 Model-based 的優勢在於其可以建立環境去預測及想像下一步動作的回饋，進而選擇最適當的方法。除了前述所提到的是否建立環境模型的分類方式，亦可以不同的學習目標或學習方式進行 RL 的分類，下一節會解釋，此外學習過程的更新方式也分為蒙地卡羅法（Monte-Carlo method）及時間差分法（Temporal Difference method），差別就在於是進行更新的步驟是在完成整個行為後還是每進行一步就更新，舉例來説，一盤網球賽，每一場分為三盤，每一盤先贏五局獲勝，若等分出勝負才進行更新，則為蒙地卡羅法，而在每一局或甚至每一分進行更新，則是利用時間差分法進行。現行的方法多是基於時間差分法。

10-2 RL 的學習方法

RL 的學習方法分別有 Q-learning、Sarsa、Policy-Gradient 等

依照學習目標可分為：

- Policy based：根據策略來學習，每種策略都存在一定的機率被選擇。Policy-Gradient 屬於 Policy based 的一種方法。
- Value based：根據價值函數的回饋，預測某個狀態下做動作的回饋，並選擇最高價值的。Q-learning 與 Sarsa 屬於 Value based 的方法。

依照學習方式可分為：

- On-policy：基於同一個策略去更新價值函數，也就是自己學習。像是 Sarsa。
- Off-policy：基於不同的策略去觀察環境及更新價值函數，簡單來說，看著他人學習，像是 Q-learning。

10-2-1 Q-learning

Q-learning 的概念就是透過迭代去更新學習 Q-Table，$Q(s, a)$ 代表是在給定狀態跟動作後所能獲得的回饋（Reward），而 Q-Table 是用來儲存在執行過程中，特定狀態 s 下，執行所有動作 a 所產生的價值 $Q(s, a)$。並每次都由這個表單，找出最佳的執行方法，亦屬於 Value-based 的算法。

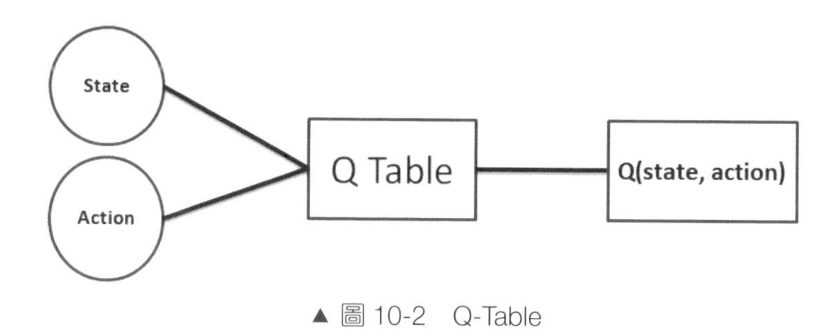

▲ 圖 10-2　Q-Table

假設一 Q-Table 如下，目前處在狀態 $s1$，如果想產生最大的 $Q(s1, a)$ 則需要進行動作 $a2$，此時狀態更新為 $s2$，接著在同樣三種選擇下，進行動作 $a3$ 可獲得最大的 $Q(s2, a)$，依照這樣的方式從 Q-Table 選擇執行的動作。

	$a1$	$a2$	$a3$
$s1$	-1	2	1
$s2$	2	-1	4
$s3$	-1	2	-1

基於這種方式選擇動作，透過每一步在真實狀況與估計狀況下的差異來更新 Q-Table 讓學習越來越好，而 Q-Table 的更新方式如下式：

$$Q(s,a) = Q(s,a) + \alpha[r + \gamma maxQ(s',a') - Q(s,a)]$$

s：狀態，a：動作，α：學習率，γ：*epsilon* 衰退係數，r：回饋。

$Q(s',a')$：目前狀態 Q 值；$Q(s,a)$：先前狀態 Q 值。

當 $Q(s1, a1)$ 選擇 $a2$，此時狀態為 $s2$，可更新 Q-Table 中 $Q(s1, a1)$ 的數值，利用 $s2$ 最大的 $Q(s2, a2)$ 乘 γ 上加上 r 作為真實情況下的 Q 值，原本 $Q(s1, a1)$ 的是預估的 Q 值，將兩值相減並乘上 α 再加上 $Q(s1, a1)$ 來更新 Q 值。其中在取得 $maxQ(s', a')$ 乘上的 γ 是使用一種稱為 Epsilon Greedy 的方法來選擇，當 $\gamma = 0.8$ 表示有 80% 的考量來自 $maxQ(s', a')$。

10-2-2 Sarsa

Sarsa 在選擇動作的方式與 Q-learning 是相同的，而不同在於更新 Q-Table 的方法，Q-learning 會先選擇 $maxQ(s', a')$ 更新 Q-Table 再進行下一步，而 Sarsa 則會先進行下一步後再更新 Q-Table。

$$Q(s, a) = Q(s, a) + \alpha[r + \gamma Q(s', a') - Q(s, a)]$$

10-2-3 Policy Gradient

Policy gradient 目標在於針對策略（Policy）進行最佳化，利用初始生成的策略得到的結果很可能是不佳的獎勵，為了得到較佳的獎勵，需要去改變策略，逐漸修正策略，將每次修正的方式就是沿著較佳策略的梯度方向，直到獎勵達到最大值不在變化。

10-3 DeepQNetwork

從 Q-Table 可知是由狀態與動作組成 Q 值索引表格，若狀態與動作數量多的情況下，建立 Q-Table 的方式，顯然不是理想的做法，因此在 DeepQNetwork 中，將 Q-Table 的設計改使用神經網路來學習。透過神經網路的擷取環境中的狀態特徵，並根據得到的回饋或獎勵來學習如何進行下一步。如圖 10-3 說明將狀態與回饋作為神經網路的輸入，而輸出即為策略。

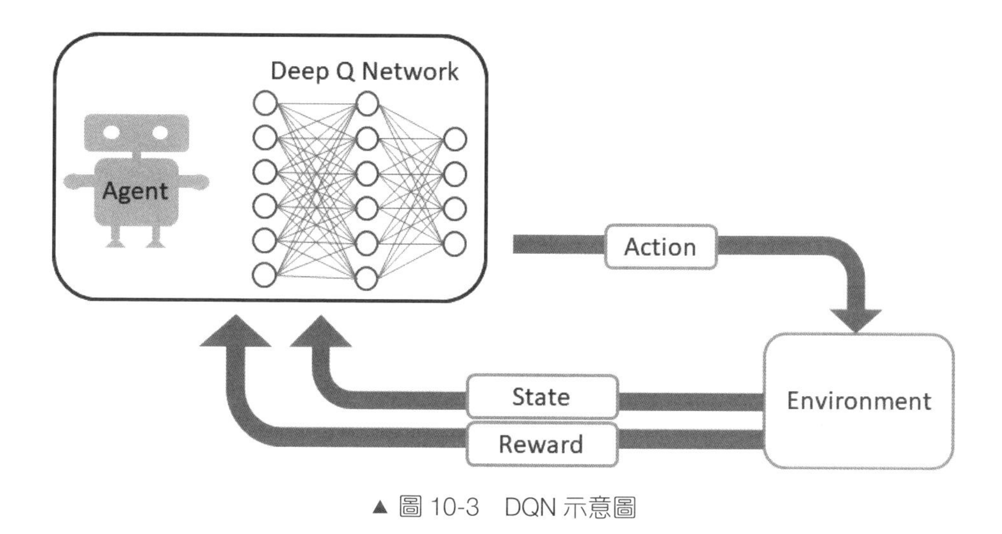

▲ 圖 10-3　DQN 示意圖

10-4 RL DQN - Colab 實作

本節實作著重在以深度學習應用在增強式學習，也就是 DQN，實作目的是利用股價資料進一步的預測買賣時機，透過股價歷史資料結合增強式學習，學習買賣的時機。

給定一初始狀態，假設股票買賣動作與每一筆歷史資料去計算獲利與否來作為獎勵，逐步學習已獲得最大獎勵。

1. DQN_trader：透過環境與獎勵學習後採取買賣動作
2. trader.memory：記錄過去每個時段的狀態、動作、獎勵、下一狀態、是否買賣等。
3. state_creator：針對環境狀態透過編寫一個函式來建立與更新。

■ 匯入需要的 Python 模組，可參考前面章節的說明：

```
import os
import warnings
warnings.filterwarnings("ignore")
os.environ['TF_CPP_MIN_LOG_LEVEL'] = '2'
import math
import random
import numpy as np
import tensorflow as tf
import matplotlib.pyplot as plt
import pandas as pd
import pandas_datareader as data_reader
from tqdm import tqdm_notebook, tqdm
from collections import deque
```

■ 利用 Pandas 內建的功能匯入股票資料集，並擷取當中收盤的價格。

```
def dataset_loader(stock_name):
  dataset = data_reader.DataReader(stock_name, data_source="yahoo")
  start_date = str(dataset.index[0]).split()[0]
  end_date = str(dataset.index[-1]).split()[0]
  close = dataset['Close']
  return close
```

■ 選用股票代號為 TSM 過去十年的資料。

```
stock_name = "TSM"
data = dataset_loader(stock_name)
data.head()
```

```
Date
2010-01-04    11.58
2010-01-05    11.53
2010-01-06    11.49
2010-01-07    11.11
2010-01-08    11.10
Name: Close, dtype: float64
```

```
def state_creator(data, timestep, window_size):
  starting_id = timestep - window_size + 1
  if starting_id >= 0:
    windowed_data = data[starting_id:timestep+1]
  else:
    windowed_data = - starting_id * [data[0]] + list(data
[0:timestep+1])
  state = []
  for i in range(window_size - 1):
```

```
    state.append(sigmoid(windowed_data[i+1] - windowed_data[i]))
  return np.array([state])
```

■ 建立 DQN 模型。包含四個部分 init、model_dnn、trade、batch_train

- init：初始化參數
- model_dnn：建構深度學習的模型，本文所建立的是由全連接層組成。
- trade：交易動作的選擇取決於 epsilon
- batch_train：每一 batch 訓練更新 DQN

```
class DQN_trader():
  def __init__(self, state_size, action_num=3, model_name=
"DQN_trader"): #Stay, Buy, Sell
    self.state_size = state_size
    self.action_num = action_num
    self.memory = deque(maxlen=2000)
    self.inventory = []
    self.model_name = model_name
    self.gamma = 0.95
    self.epsilon = 1.0
    self.epsilon_final = 0.01
    self.epsilon_decay = 0.995
    self.model = self.model_dnn()
  def model_dnn(self):
    model = tf.keras.models.Sequential()
    model.add(tf.keras.layers.Dense(units=16, activation='relu',
input_dim=self.state_size))
    model.add(tf.keras.layers.Dense(units=32, activation='relu'))
    model.add(tf.keras.layers.Dense(units=64, activation='relu'))
```

```
    model.add(tf.keras.layers.Dense(units=128, activation='relu'))
    model.add(tf.keras.layers.Dense(units=self.action_num,
activation='linear'))
    model.compile(loss='mse', optimizer=tf.keras.optimizers.
Adam(lr=1e-3))

    return model

  def trade(self, state):
    # random or use model predict
    if random.random() <= self.epsilon:
      return random.randrange(self.action_num)
    actions = self.model.predict(state)
    return np.argmax(actions[0])

  def batch_train(self, batch_size):

    batch = []
    # get pervious action
    for i in range(len(self.memory) - batch_size + 1, len(self.
memory)):
      batch.append(self.memory[i])
    for state, action, reward, next_state, done in batch:
      reward = reward
      if not done:
        reward = reward + self.gamma * np.amax(self.model.predict
(next_state)[0])
      target = self.model.predict(state)
      target[0][action] = reward
      self.model.fit(state, target, epochs=1, verbose=0)
```

```
    if self.epsilon > self.epsilon_final:
      self.epsilon *= self.epsilon_decay
```

- 設定 window_size（參考歷史資料的天數，例如：window_size=10，代表前 10 天資料）、episode（總共訓練次數）、batch_size 與計算資料總天數，以及觀察模型架構。

```
window_size = 10
episodes = 100

batch_size = 32
data_samples = len(data) - 1
trader = DQN_trader(window_size)
```

```
[13] trader.model.summary()

Model: "sequential"
_________________________________________________________________
Layer (type)                 Output Shape              Param #
=================================================================
dense (Dense)                (None, 16)                176
_________________________________________________________________
dense_1 (Dense)              (None, 32)                544
_________________________________________________________________
dense_2 (Dense)              (None, 64)                2112
_________________________________________________________________
dense_3 (Dense)              (None, 128)               8320
_________________________________________________________________
dense_4 (Dense)              (None, 3)                 387
=================================================================
Total params: 11,539
Trainable params: 11,539
Non-trainable params: 0
_________________________________________________________________
```

▲ 圖 10-4　模型架構

- 建立初始狀態

```
state = state_creator(data, 0, window_size + 1)
```

- 建立下一次動作前的初始狀態

```
next_state = state_creator(data, t+1, window_size + 1)
```

- 根據狀態與 epsilon 去決定下一步的動作

```
action = trader.trade(state)
```

- 執行買賣動作，action == 1 買股票，這時候我們就會將庫存放入 queue 裡面。action==2 賣股票，此時計算獎勵，並把庫存清出：

```
#Buying
if action == 1:
      trader.inventory.append(data[t])
      print("DQN Trader bought: ", stocks_price_format(data[t]))
#Selling
elif action == 2 and len(trader.inventory) > 0:
      buy_price = trader.inventory.pop(0)
      reward = max(data[t] - buy_price, 0)
      total_profit += data[t] - buy_price
      print("DQN Trader sold: ", stocks_price_format(data[t]), "
Profit: " + stocks_price_format(data[t] - buy_price) )
```

- 當交易次數超過 Batch_size 時訓練更新 DQN：

```
if len(trader.memory) > batch_size:
       trader.batch_train(batch_size)
```

■ 完整程式碼如下：

```
for episode in range(1, episodes + 1):

  print("Episode: {}/{}".format(episode, episodes))

  state = state_creator(data, 0, window_size + 1)

  total_profit = 0
  trader.inventory = []
  buy_count = 0
  sell_count = 0

  # for t in tqdm(range(data_samples)):
  for t in range(data_samples):
    action = trader.trade(state)
    next_state = state_creator(data, t+1, window_size + 1)
    reward = 0

    if action == 1:
#Buying
      trader.inventory.append(data[t])
      print("DQN Trader bought: ", stocks_price_format(data[t]))
      buy_count +=1
    elif action == 2 and len(trader.inventory) > 0:
#Selling
      buy_price = trader.inventory.pop(0)
      sell_count += 1
      reward = max(data[t] - buy_price, 0)
      total_profit += data[t] - buy_price
```

```
        print("DQN Trader sold: ", stocks_price_format(data[t]), "
Profit: " + stocks_price_format(data[t] - buy_price) )

    if t == data_samples - 1:
      done = True
    else:
      done = False

    trader.memory.append((state, action, reward, next_state, done))
    state = next_state

    if done:
      print("########################")
      print("TOTAL PROFIT: {}".format(total_profit))
      print("########################")

    if len(trader.memory) > batch_size:
      trader.batch_train(batch_size)

    if episode % 10 == 0:
      trader.model.save("ai_trader_{}.h5".format(episode))
```

- 從買賣結果與收益，由於模型建立僅考慮獎勵，並未考量買賣須付出的額外成本 (手續費、交易稅)，導致買賣頻率高，針對模型增加懲罰可以增加模型在處理真實問題上的適應性。

```
DQN Trader sold:  $ 22.830000  Profit: $ 0.309999
DQN Trader bought:  $ 21.100000
DQN Trader bought:  $ 20.809999
DQN Trader bought:  $ 20.930000
DQN Trader sold:  $ 21.100000  Profit: $ 0.000000
DQN Trader bought:  $ 21.660000
DQN Trader bought:  $ 21.330000
DQN Trader bought:  $ 21.790001
DQN Trader bought:  $ 21.680000
DQN Trader sold:  $ 21.629999  Profit: $ 0.820000
DQN Trader sold:  $ 22.350000  Profit: $ 1.420000
DQN Trader sold:  $ 22.459999  Profit: $ 0.799999
DQN Trader sold:  $ 22.559999  Profit: $ 1.230000
DQN Trader sold:  $ 22.920000  Profit: $ 1.129999
DQN Trader sold:  $ 23.230000  Profit: $ 1.549999
DQN Trader bought:  $ 25.930000
DQN Trader bought:  $ 25.809999
DQN Trader bought:  $ 25.680000
DQN Trader sold:  $ 25.730000  Profit: - $ 0.200001
DQN Trader sold:  $ 25.629999  Profit: - $ 0.180000
DQN Trader sold:  $ 25.969999  Profit: $ 0.289999
DQN Trader bought:  $ 22.990000
DQN Trader bought:  $ 22.820000
DQN Trader bought:  $ 23.110001
DQN Trader sold:  $ 22.950001  Profit: - $ 0.039999
DQN Trader sold:  $ 23.520000  Profit: $ 0.700001
DQN Trader sold:  $ 23.250000  Profit: $ 0.139999
DQN Trader bought:  $ 26.540001
DQN Trader sold:  $ 26.809999  Profit: $ 0.269999
DQN Trader bought:  $ 25.680000
DQN Trader sold:  $ 24.900000  Profit: - $ 0.780001
DQN Trader bought:  $ 25.260000
DQN Trader sold:  $ 25.799999  Profit: $ 0.539999
DQN Trader bought:  $ 29.389999
DQN Trader bought:  $ 29.080000
DQN Trader bought:  $ 29.160000
DQN Trader sold:  $ 28.639999  Profit: - $ 0.750000
DQN Trader sold:  $ 28.500000  Profit: - $ 0.580000
DQN Trader bought:  $ 28.600000
```

▲ 圖 10-5　運行 DQN

10-5 總結

增強式學習也是個機器學習的突破，與過去監督式學習的方式不同（需要去標註大量的資料）只要透過設定的 Agent、Value function、Environement 等，就可以進行學習。因此當其他模型無法進步，或者其他模型無法訓練得到好的結果，或許可以嘗試使用增強式學習來訓練。

CHAPTER

11

模型調教與模型服務

在這個章節，我們會討論模型調教與模型服務。當訓練好一個模型後，該如何讓模型變的更好以及隨著資料的變化，舊有的參數可能不在適用。因此，透過模型的診斷數據（例如：訓練過程損失的下降及驗證的損失下降比較），可以看出模型是否該調整以及當你調整後是否有讓模型更好。在業界，模型調教是個重要的議題。如何在有效的時間內，調整出一組較佳的參數。而這有賴於平時訓練模型的經驗以及對模型診斷的敏感度。在模型服務的部分，相對於模型及資料處理的討論度較低，因為模型服務的部分，有時候會交由其他的後端工程師或者 API 工程師來協助，較具規模的公司則會有專門的機器學習工程師來負責。模型服務的部分主要就是模型上線後，如何讓新的資料不斷得到模型預測後的結果。在這個章節裡，會從模型調教討論到模型服務。

11-1 模型調教問題 - Overfit 以及 Underfit

首當其衝的議題討論就是：Overfit vs Underfit（也是面試很喜歡討論的議題）。針對 Overfit 跟 Underfit，可以透過下圖看到資料點與所學習到的模型曲線關係。Overfit 的話，就是模型學太好，太過於擬合訓練資料集以至於概化能力（Generalization）太差。導致測試資料集在預測時，結果會非常差。面對 Underfit 的問題時，主要就是模型針對現有的訓練資料集學不起來，因此不管在訓練資料集或者測試資料集都得到不佳的效果。而最好的結果就像是圖 11-1 中間的 Good Fit，針對訓練資料集或者測試資料集都有很好的結果。

▲ 圖 11-1 Underfit / Good Fit / Overfit

針對上述所面臨的問題，大家可以透過 Tensorflow playground 來模擬訓練的情境。（例如：Overfit 故意疊非常多層，反之 Unerfit 可能就使用一層等等）。

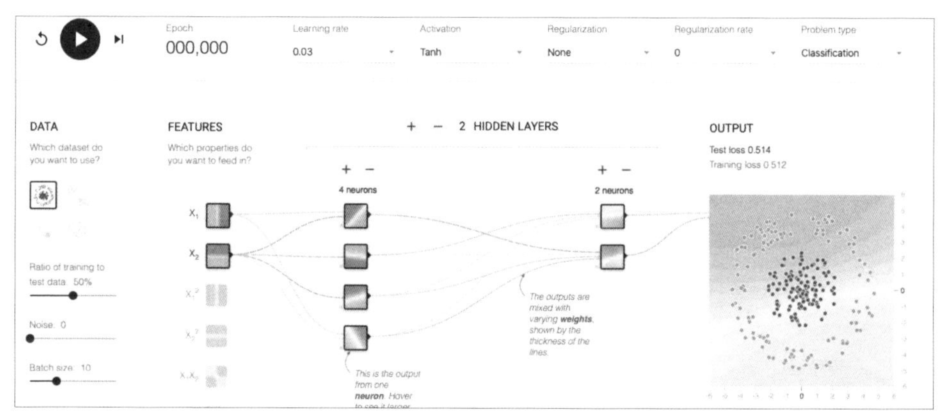

▲ 圖 11-2 Tensorflow playground

11-2 如何解決 Underfit 以及 Overfit 的問題

其實這兩個問題剛好是一體兩面，將有相對應類型的處理方法。因此面對這類問題時，所想的解決方案其實可以歸納為 2 類：資料／特徵、模型處理。

1. 資料 or 特徵（Feature）

當面臨 Overfit 的時候，我們可以嘗試想辦法增加資料（例如：資料增強 - Data Augmentation），或者做一些特徵工程（Feature engineering），將一些不必要的特徵去除或者嘗試一些降維度方法（例如：PCA，t-SNE……等等）。反之亦然，面對 Underfit 的時候，可以嘗試分析是否因為太多 Outlier，在和領域專家（Domain expert）討論後，看是否刪除或者做其他的處置。針對特徵的部分，可以嘗試透過大量討論以增加一些新的特徵。

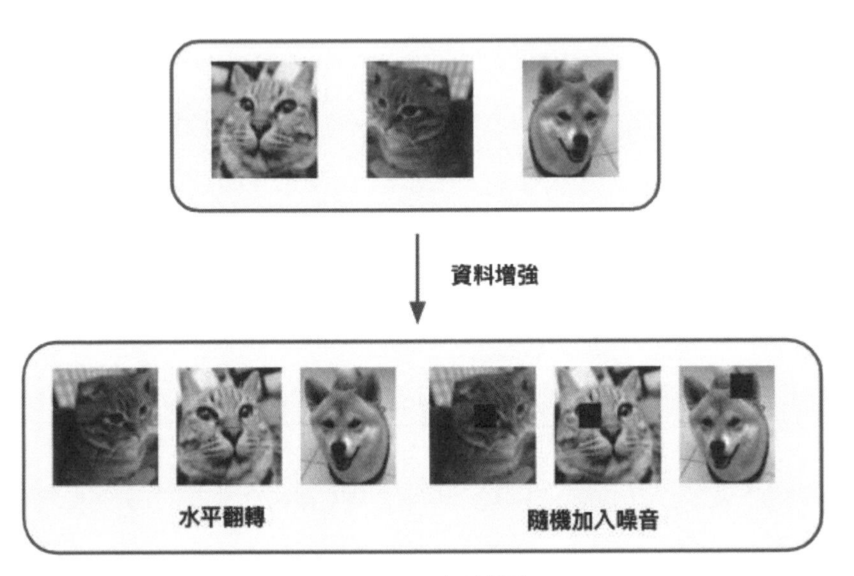

▲ 圖 11-3　資料增強

2. 模型處理

簡單來說，Underfit 的話，可以改使用較為複雜的模型，或者把模型複雜度提高（例如：層數增加）。針對 Overfit 的話，可以使用較為簡易的模型或者把模型複雜度降低（例如：層數降低）。此外，有一些參數是我們可以調整來降低 Overfit，或者當 Underfit 的時候，可以降低這些參數。

正規化（Regularization）

為了降低模型複雜度，正規化會在損失函數上加入懲罰項（Penalty），來限制模型中的權重，降低權重或者變為 0。

1. L1 正規化：

   L1 Norm 主要是在損失函數後面加入絕對值權重。在圖 10-4（左）中，可以發現 L1 正規化比較容易造成稀疏解（較容易接觸頂點）。因此 L1 正規化也被用於特徵選取上。（例如：Lasso regression）

2. L2 正規化：

   L2 Norm 主要是在損失函數後面加入平方和權重，在圖 11-4（右）中，可以發現 L2 正規化比較不容易造成稀疏解。L2 主要就是讓不重要的權重盡量變小。（例如：Ride regression）

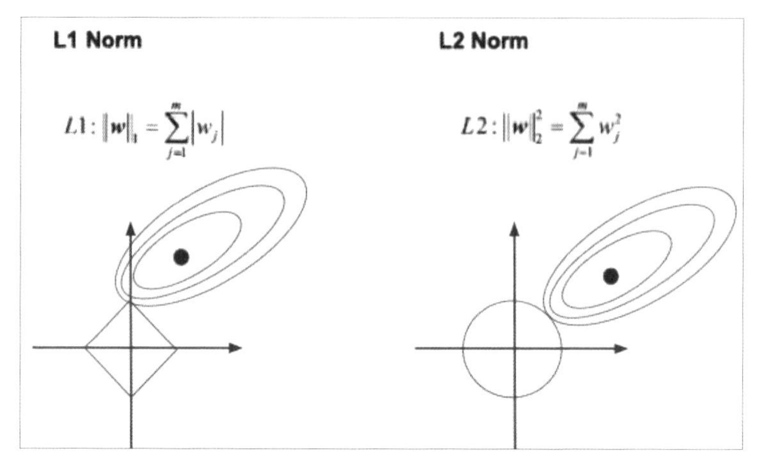

▲ 圖 11-4　L1 L2 正規化

Dropout

簡單來說，經過 dropout 的層，會「隨機」斷開神經元來學習。其精神就是希望透過此方法，來降低模型複雜度，當沒有被斷開神經元，則會需要花較多力量來學習。因此，Dropout 也可能會造成網路的稀疏性。而現在有部分的人提出利用 Batch normalization 取代 Dropout，使用 BN 會比使用 Dropout 好。

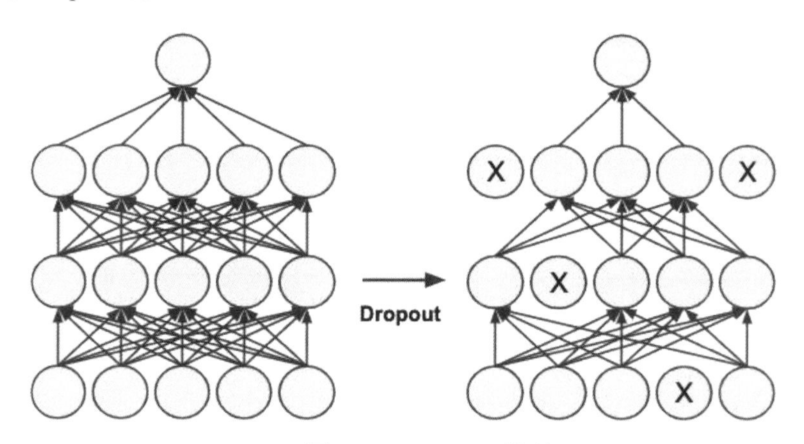

▲ 圖 11-5　Dropout 比較

Batch Normalization

BN 主要是在進行 mini-batch training 的時候，依各個批量來進行 normalization（x － batch mean ／ stdv（batch））。其優點像是收斂速度較快、不需微調參數、降低 overfiting 以及減少梯度爆炸或者梯度消散。

$$\mu = \frac{1}{m}\sum_{i=1}^{m} x_i \leftarrow \textit{Mean By Batch}$$

$$\sigma^2 = \frac{1}{m}\sum_{i=1}^{m}(x_i - \mu)^2 \leftarrow \textit{Variance By Batch}$$

$$\hat{x} = \frac{x_i - \mu}{\sqrt{\sigma^2 + \varepsilon}} \leftarrow \textit{Normalize}$$

$$y_i = \gamma\hat{x}_i + \beta = BN(x_i) \leftarrow \textit{Scale \& Shift}$$

▲ 圖 11-6　BN 公式

11-2 模型視覺化 - TensorBoard

針對模型視覺化，Tensorflow 有做了一個視覺化網站 - Tensorboard，方便使用者理解模型以及微調。而 Tensorboard 非常強大，不僅可視覺化模型的矩陣、視覺化嵌入，到最近的功能是可以做參數微調及視覺化的部分，圖 11-7 為簡易的 Tensoboard 的示意圖。

而 Tensorboard 的架構如圖 11-8 所示，其實就是利用產生的日誌，使用 `tf.summary` 等 API 將您所定義的標籤下的資料放到分類的儀表板下（例如：純量、影像等等）。一般來說，設計的步驟會是先利用

tf.namespece 把要畫的對象包起來（TF1.X），TF2.0 就可以不用包 tf.namespece，接下來在用 tf.summary 的方法來呈現資料，或者將資料寫到目標資料夾，最後呈現在 Tensorboard 上。

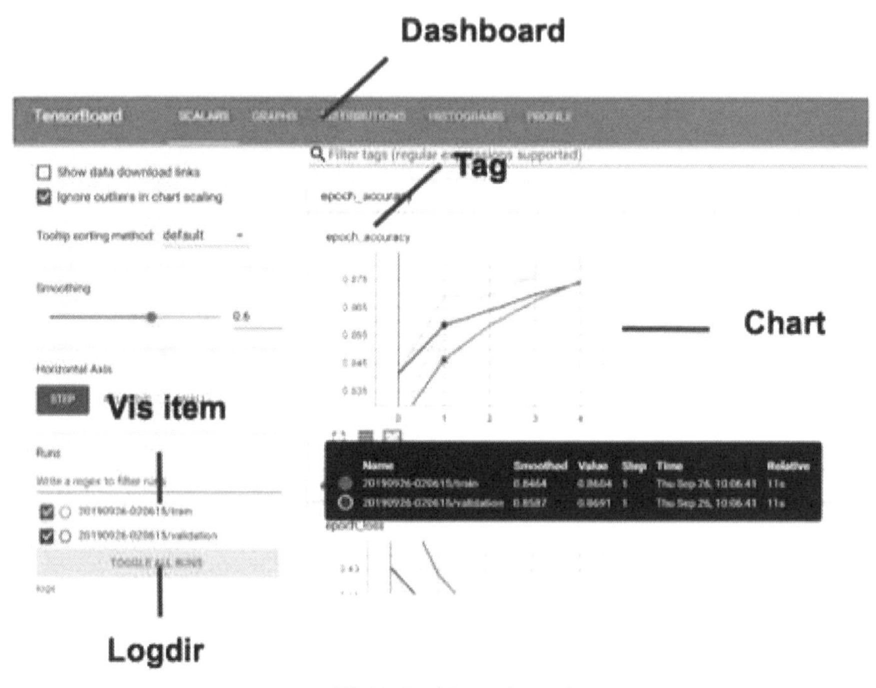

▲ 圖 11-7　Tensorboard

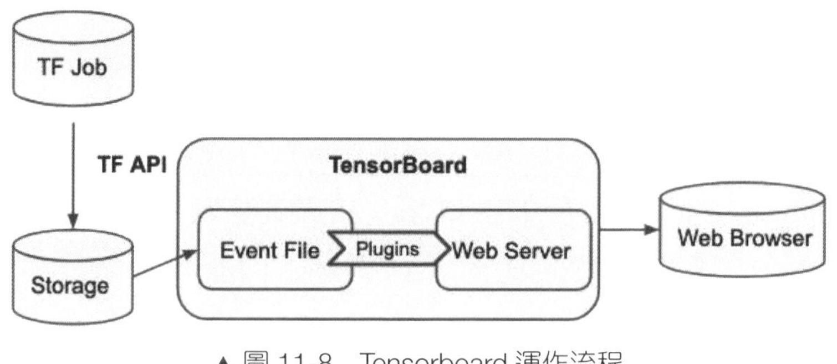

▲ 圖 11-8　Tensorboard 運作流程

先從簡易的範例，直接使用高階 keras API 來執行 tensorboard，我們一樣先用 fashion mnist 做為範例，並且使用一個簡易的模型。

```
model = Sequential([
     layers.Dense(256,activation=tf.nn.relu),
     layers.Dense(128,activation=tf.nn.relu),
     layers.Dense(64,activation=tf.nn.relu),
     layers.Dense(32,activation=tf.nn.relu),
     layers.Dense(10,activation=tf.nn.relu)])
model.build(input_shape=[None,28*28])
```

接下來就，compile 模型以及訓練模型。這邊的話，我們直接使用 tf.keras.callback.TensorBoard 的 API，他直接幫你寫好一些模型指標（Matrix）。

```
def train_model():
     model = create_model()
     model.compile(optimizer='adam',
        loss='categorical_crossentropy', metrics=['accuracy'])
        logdir = os.path.join("logs", datetime.datetime.now().
strftime("%Y%m%d-%H%M%S"))
     tensorboard_callback = tf.keras.callbacks.TensorBoard(logdir,
histogram_freq=1)
     model.fit(x=x_train, y=y_train, epochs=5,validation_data=
(x_test, y_test), callbacks=[tensorboard_callback])
train_model()
```

```
[7]  def train_model():

       model = create_model()
       model.compile(optimizer='adam',
                     loss='sparse_categorical_crossentropy',
                     metrics=['accuracy'])

       logdir = os.path.join("logs", datetime.datetime.now().strftime("%Y%m%d-%H%M%S"))
       tensorboard_callback = tf.keras.callbacks.TensorBoard(logdir, histogram_freq=1)

       model.fit(x=x_train,
                 y=y_train,
                 epochs=5,
                 validation_data=(x_test, y_test),
                 callbacks=[tensorboard_callback])

     train_model()

Train on 60000 samples, validate on 10000 samples
Epoch 1/5
WARNING:tensorflow:Entity <function Function._initialize_uninitialized_variables.<locals>.initialize_variables at 0x7f4d4d10b598> could not be t
WARNING: Entity <function Function._initialize_uninitialized_variables.<locals>.initialize_variables at 0x7f4d4d10b598> could not be transformed
60000/60000 [==============================] - 11s 186us/sample - loss: 0.4989 - accuracy: 0.8222 - val_loss: 0.4161 - val_accuracy: 0.8506
Epoch 2/5
60000/60000 [==============================] - 10s 175us/sample - loss: 0.3830 - accuracy: 0.8600 - val_loss: 0.3871 - val_accuracy: 0.8627
Epoch 3/5
60000/60000 [==============================] - 11s 177us/sample - loss: 0.3481 - accuracy: 0.8718 - val_loss: 0.3638 - val_accuracy: 0.8700
Epoch 4/5
60000/60000 [==============================] - 11s 185us/sample - loss: 0.3254 - accuracy: 0.8806 - val_loss: 0.3611 - val_accuracy: 0.8724
Epoch 5/5
60000/60000 [==============================] - 11s 186us/sample - loss: 0.3107 - accuracy: 0.8847 - val_loss: 0.3414 - val_accuracy: 0.8780
```

▲ 圖 11-9　訓練過程

Colab 很方便的一個點是，Tensorboard 可以直接呈現在上面，不需要額外開瀏覽器。此外，像 keras API，很多 Tensorboard 的標籤、儀表板他都幫你包好了。

```
%tensorboard --logdir logs
```

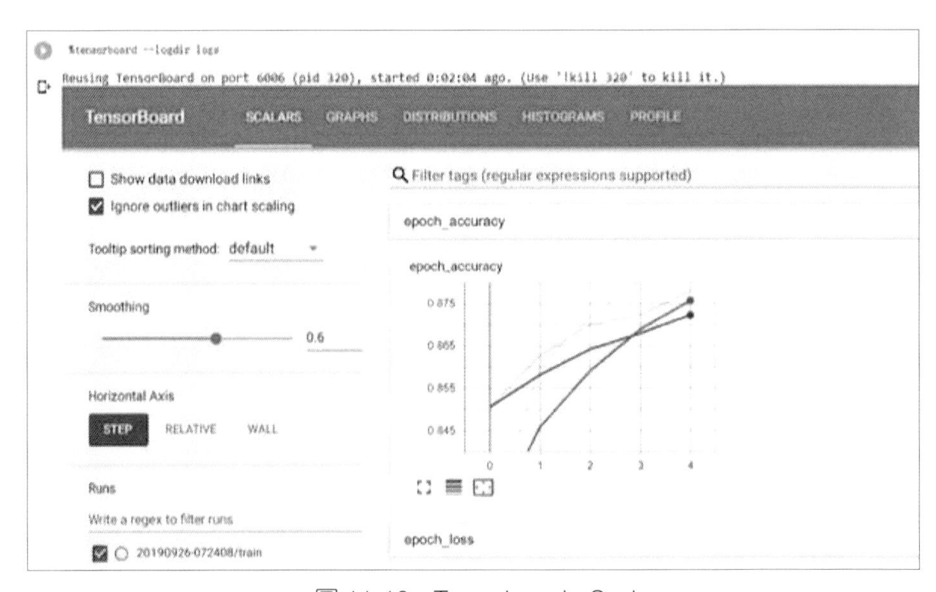

▲ 圖 11-10　Tensorboard - Scalar

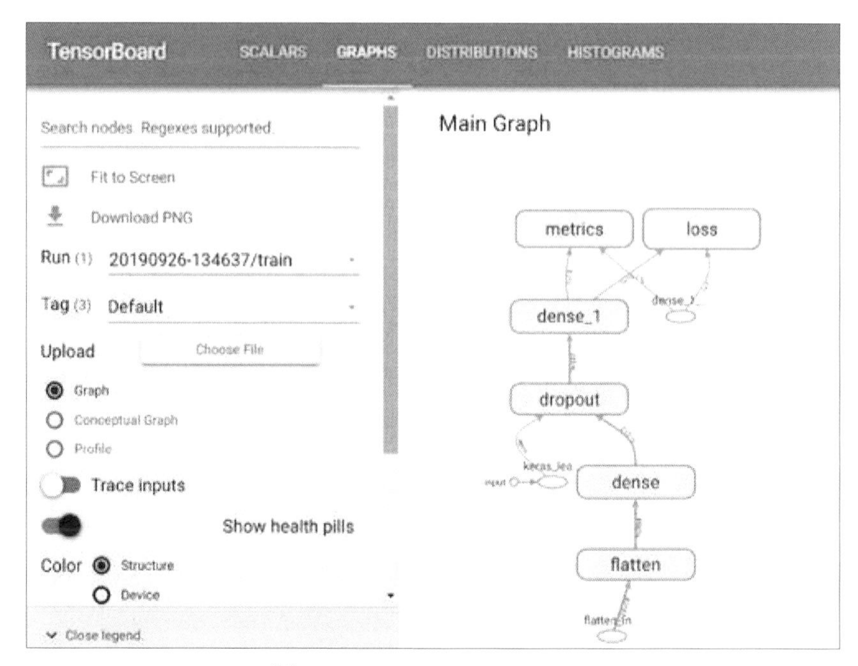

▲ 圖 11-11　Tensorboard - Graphs

接下來我們就稍微進階一點，來自定義儀表板跟標籤，以及傳一些影像進 Tensorboard 可視化。首先，就先決定好路徑以及日誌的 writer

```
logdir = os.path.join("logs",
datetime.datetime.now().strftime("%Y%m%d-%H%M%S"))
log_writer = tf.summary.create_file_writer(logdir)
```

假如今天我們想傳一張照片進去 Tensorboard 就可以使用以下：

```
data_img = next(data_iter)[0]
data_img = data_img[0]
data_img = tf.reshape(data_img,[1,28,28,1])
with log_writer.as_default():
    tf.summary.image("Training data 0:",data_img,step=0)
```

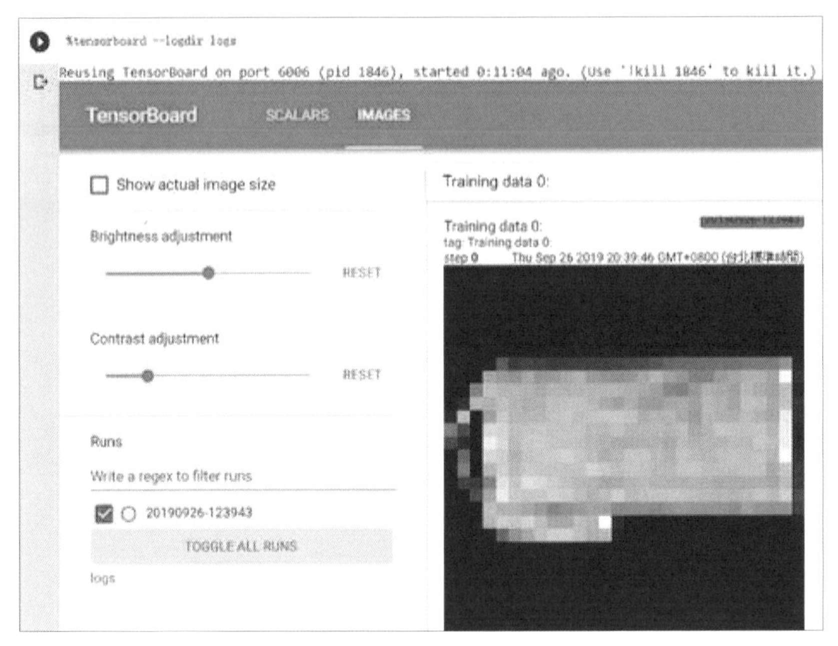

▲ 圖 11-12　圖像可視化

若想要把多張圖合併在一起，就可以使用自定義的畫圖 function 來做，例如：

```
def image_grid(images):
    figure = plt.figure(figsize=(10,10))
    for i in range(25):
      plt.subplot(5,5,i+1,title="name")
      plt.xticks([])
      plt.yticks([])
      plt.grid(False)
      plt.imshow(images[i],cmap=plt.cm.binary)
    return figure
val_images = x[:25]
val_images = tf.reshape(val_images,[-1,28,28,1])
```

```
with log_writer.as_default():
    tf.summary.image("val_images:",val_images,max_outputs=25,step=i)
    val_images = tf.reshape(val_images,[-1,28,28])
    fig = image_grid(val_images)
    tf.summary.image('val_images:',plot_image(fig),step=i)
```

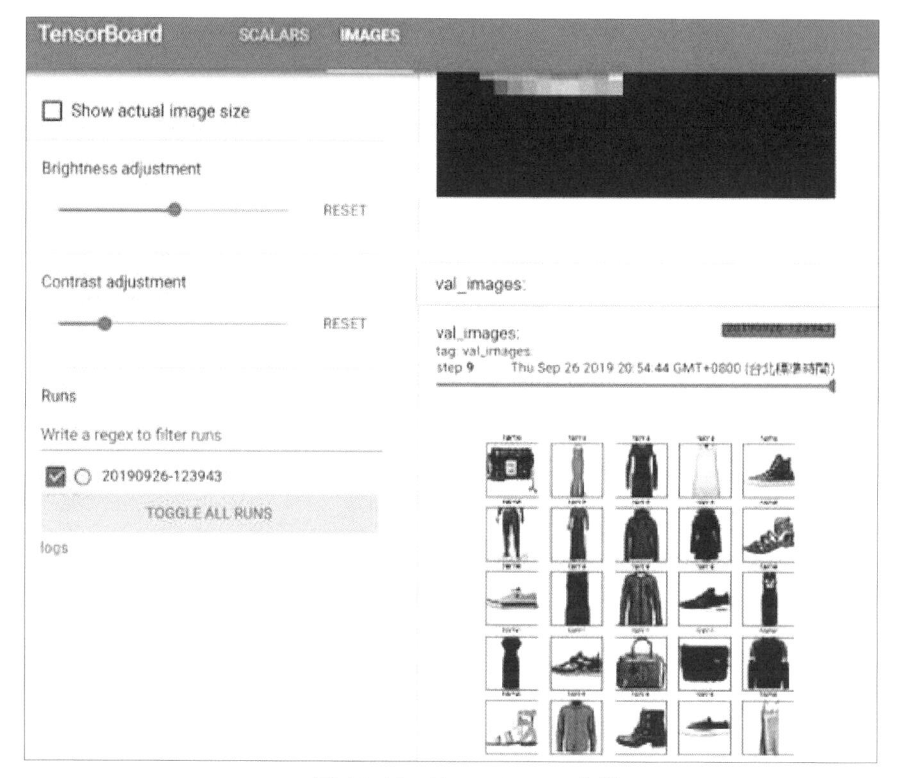

▲ 圖 11-13　Tensorboard 合併

而當我們想要定義一些想看的模型指標（matrix），就可以在純量裡面去定義。這點非常重要，因為針對不同的模型或者不同的任務，所使用的模型指標都不一樣。（例如：Accruacy、Mean Square Error 等）。首先以下範例，使用簡單的定義訓練損失跟驗證正確率。訓練損失的話可以直接接在每一圈訓練完後，把資料結果輸出。並以下圖來看很容易可以理解，一個正常模型，一般會隨著時間增加，訓練的誤差會下降，而驗證資料集的準確度會提高。

```
# Training Loss
print(i,step,'loss:',float(loss))
with log_writer.as_default():
    tf.summary.scalar("training_loss",float(loss),step=i)
# Validation Loss
with log_writer.as_default():
    tf.summary.scalar("val-acc",float(total_loss/total_num),step=i)
```

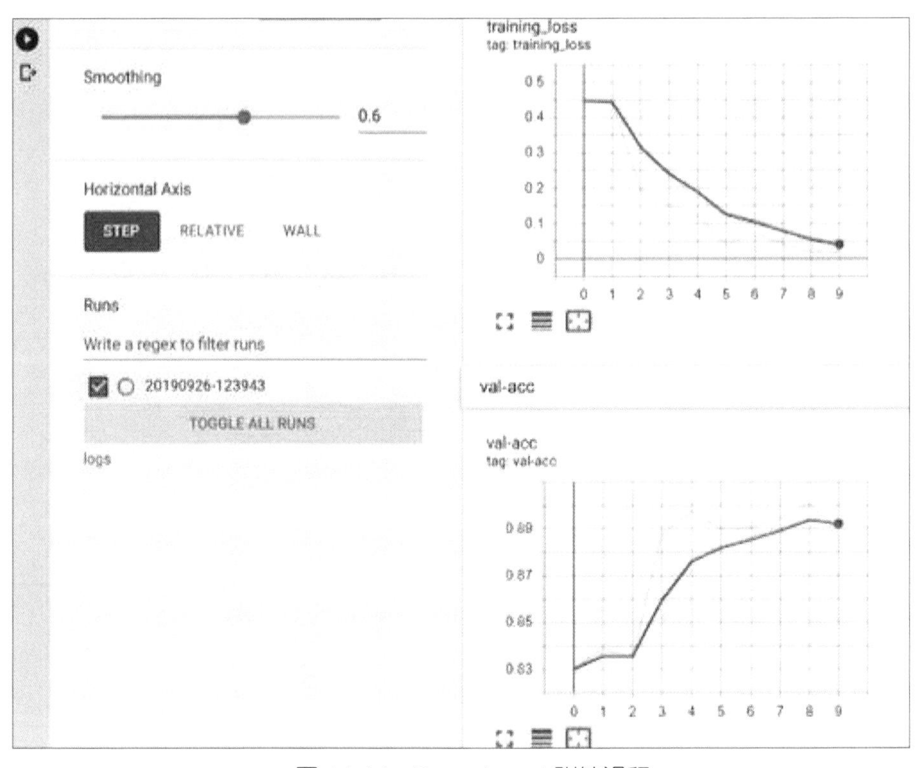

▲ 圖 11-14　Tensorboard 訓練過程

11-3 遷移學習 (Transfer Learning)

這個章節將會討論遷移學習（Transfer learning）。遷移學習簡單來說就是站在巨人的肩膀上。透過遷移學習，即時您沒有龐大的 GPU 設備或者有完整的資料集可以訓練。遷移學習將會是未來的一個趨勢。而遷移學習的重點就是，我們認為不同的任務可以使用相似模型，其中不同任務間的訓練資料不一定有直接相關。透過權重的移轉再加以學習，花的時間減少，且可能效果較好。（例如：圖像：分辨狗跟貓的模型用來分辨猩猩及長頸鹿或者語音：不同語言的翻譯）。

而以人生來說也是相同的道理，我們在學習一些新的事物，可能會透過一些不相干的事情或者相關的事情來猜測並學習。

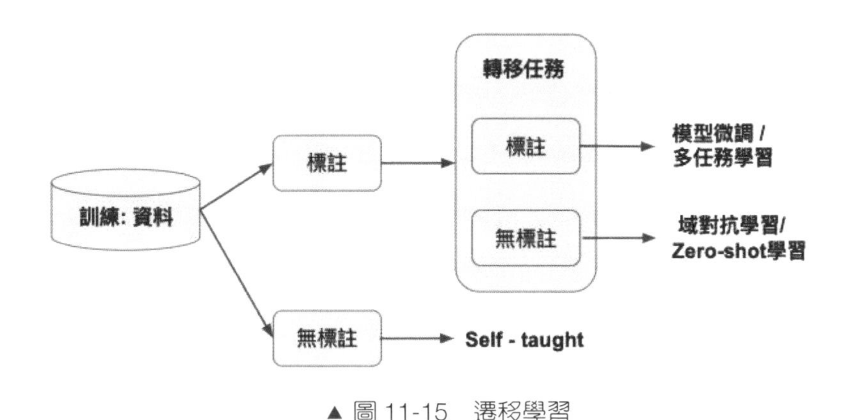

▲ 圖 11-15　遷移學習

針對有標記的訓練任務上，有很多種方式可訓練。最簡單就是直接載入權重後直接訓練這樣的話其實可視為一個初始化（initialization）的方法。而更進階一點的方法，可以像是固定（freeze）某幾層，只訓練其中幾層（例如：語音辨識的任務時，有時候會固定最後幾層，僅訓練前幾層。圖像的話則是只固定前幾層，僅訓練後幾層）。或者是加入一些正規化（regularzation）的部分，讓原本的模型跟訓練完的權重不要差太多。而在像針對無標記的訓練任務上，就可以像是使用 Zero - shot learning 類似透過輸出特徵，最後在使用相似度的計算來做分群或者歸類。舉一個業界實例於影像辨識任務實作（例如：人臉打卡），會使用遷移學習來實作。因為一般公司員工數量不一定足夠讓模型學習到人臉的特徵或者針對每位也員工也無法去收取那麼多張照片，所以一般在使用上會先使用開源的全世界的人臉照片來訓練圖像辨識模型（例如：嘴巴、眼睛、鼻子），接著在使用亞洲人臉資料集慢慢調整成東方人臉孔，最後則是該公司員工照片來微調模型，完成員工人臉辨識的任務。

11-4 模型服務 (Model Serving)

接下來我們還是會用 TF 2.0 來實作一個載入預訓練好的模型。這部分我們就先不訓練。直接使用模型輸出結果。在平常使用情境下，因為當模型訓練好，必須將模型做成一個 API 介面讓其他程式介接（例如：前端儀表板）。在這個章節，會使用簡單輕量的網路框架（Flask）來串接模型以及 Tensorflow 自己的模型服務 API（TF-Serving），而 TF-serving 很強大，有更好的 Model seving 的支援，例如：不同模型的模型服務或者說可以更規模化（Scalable）。

11-4-1 Flask

首先使用 Flask 的範例。當今天我們已經下載好，或者之前已經訓練好所保留的模型。我們可以先預載權重，並觀察模型參數。

```
with open('pre_trained.json','r') as f:
    model_json = f.read()
model = tf.keras.models.model_from_json(model_json)
model.load_weights("pre_trained.h5")
model.summary()
```

```
model.summary()

Model: "sequential"
_________________________________________________________________
Layer (type)                 Output Shape              Param #
=================================================================
dense (Dense)                (None, 128)               100480
_________________________________________________________________
dropout (Dropout)            (None, 128)               0
_________________________________________________________________
dense_1 (Dense)              (None, 10)                1290
=================================================================
Total params: 101,770
Trainable params: 101,770
Non-trainable params: 0
_________________________________________________________________
```

▲ 圖 11-16　模型參數

接下來就是 Flask 的部分，Flask 是一個 Python 的輕量網站框架，利用它來做一個簡易的 API。如下列範例：

```
app=Flask(__name__)
@app.route('/api/ml/<string:img>',methods=['POST'])
def classify_img(img):
    upload = '/content/'
    image = imread(upload+img)
    classes =
['T-shirt/top','Trouser','Pullover','Dress','Coat','Sandal',
'Shirt','Sneaker','Bag','Ankle boot']
    prediction = model.predict([image.reshape(-1,28*28)])
```

```
    return jsonify({'object_detect':classes[np.argmax
(prediction[0])]})

threading.Thread(target=app.run,
kwargs={'host':'0.0.0.0','port':5000}).start()
```

當中的 app.route 就是 Flask 的路徑配對的裝飾器，當使用者訪問 app.route 中對應的路徑，就會去執行它下方的函式，然後在螢幕上看到該函式返回的結果，而丟進 app.route 第一個輸入的參數是 endpoint 的路徑，如果需要從 API 傳入參數到路徑，就需要使用 <> 符號，例如上方的 /api/ml/<string:img>，這個 API 的主要功能就是輸入一張圖片進去，模型會幫你預測是哪一個類別的圖片，並最後會輸出圖片的類別。

```
r = requests.post("http://172.28.0.2:5000/api/ml/0.png")
print(r.text)
```

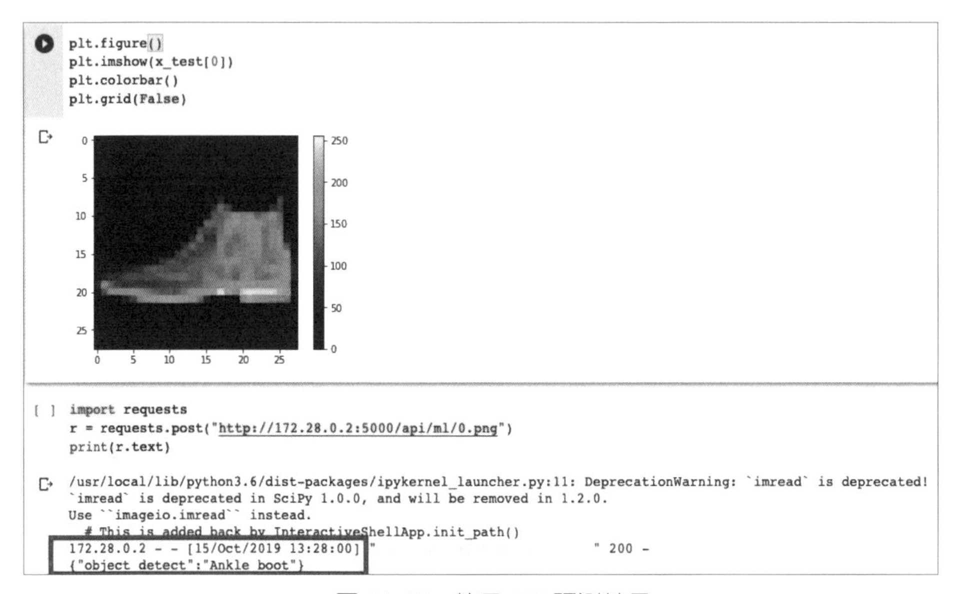

▲ 圖 11-17　使用 API 預測結果

11-4-2 TF-Serving

TF-Serving 是一個專門用以介接模型與服務的 API。TF-Serving 除了有更高的效能（例如：Scalable）以外，也能同時處理多個模型。與 Flask 的應用比較，TF-Serving 已經提供完整的支援介接服務與模型的功能，而 Flask 需自己實作及撰寫程式。因此，TF-Serving 能讓您更快速部署於自有環境並且提供完整的訓練、預測模型等服務。而 TF-Serving 由以下架構所組成，Servable、Loaders、Sources 以及 Manager。

- Servable：
  TF-Serving 的核心，讓使用者執行底層的運算（例如：查訊 Embedding 結果）。Servable 是很彈性的，可使用任何方式介接（例如：Streaming Result）。

- Loaders：
  Loaders 用以管理 Servables 的生命週期，並可說是用標準化的 API 來使用（Loading）或者移除（Unloading）Servable

- Sources：
  在系統中查詢並提供 Servable，每個 Source 可以提供零個或多個 Servable Stream。在每一個 Servable 裡，都會有一個 Loaders，讓 Servable 可被使用。

- Manager:
  管理 Servable 整體生命週期，包含使用、移除以及提供服務。Manager 會透過 Sources 來追蹤 Servable 的版本（Version）。若資源充足，Manger 會完成所有 Sources 提出的請求。若資源不夠，則會先拒絕新的要求。以確保至少有一個 Seravble 正在被使用。

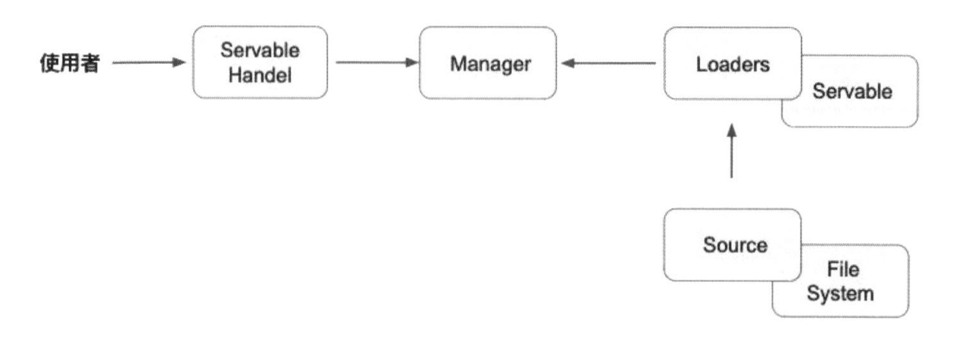

▲ 圖 11-18 TF-Serving 生命週期

接下來，我們來實作 TF-Serving 的 Lab，主要也是使用 Fashion-MNIST 訓練一個簡單的 CNN 模型，並最後使用 TF-Serving 來預測結果。

這次的使用模型如以下程式所示：

```
model = tf.keras.models.Sequential()
model.add(tf.keras.layers.Conv2D(filters=32, kernel_size=3,
padding="same", activation="relu", input_shape=[28, 28, 1]))
model.add(tf.keras.layers.MaxPool2D(pool_size=2, strides=2,
padding='valid'))
model.add(tf.keras.layers.Conv2D(filters=64, kernel_size=3,
padding="same", activation="relu"))
model.add(tf.keras.layers.MaxPool2D(pool_size=2, strides=2,
padding='valid'))
model.add(tf.keras.layers.Flatten())
model.add(tf.keras.layers.Dense(units=128, activation='relu'))
model.add(tf.keras.layers.Dense(units=10, activation='softmax'))

model.summary()
epochs = 3
```

```
model.compile(optimizer='adam',
              loss='sparse_categorical_crossentropy',
              metrics=['accuracy'])
model.fit(train_x, train_y, epochs=epochs)
test_loss, test_acc = model.evaluate(test_x, test_y)
```

```
Model: "sequential_6"
_________________________________________________________________
Layer (type)                 Output Shape              Param #
=================================================================
conv2d_8 (Conv2D)            (None, 28, 28, 32)        320
_________________________________________________________________
max_pooling2d_6 (MaxPooling2 (None, 14, 14, 32)        0
_________________________________________________________________
conv2d_9 (Conv2D)            (None, 14, 14, 64)        18496
_________________________________________________________________
max_pooling2d_7 (MaxPooling2 (None, 7, 7, 64)          0
_________________________________________________________________
flatten_6 (Flatten)          (None, 3136)              0
_________________________________________________________________
dense_6 (Dense)              (None, 128)               401536
_________________________________________________________________
dense_7 (Dense)              (None, 10)                1290
=================================================================
Total params: 421,642
Trainable params: 421,642
Non-trainable params: 0
_________________________________________________________________
Train on 60000 samples
Epoch 1/3
60000/60000 [==============================] - 70s 1ms/sample - loss: 0.4010 - accuracy: 0.8547
Epoch 2/3
60000/60000 [==============================] - 70s 1ms/sample - loss: 0.2658 - accuracy: 0.9027
Epoch 3/3
60000/60000 [==============================] - 70s 1ms/sample - loss: 0.2200 - accuracy: 0.9199
10000/10000 [==============================] - 4s 355us/sample - loss: 0.2471 - accuracy: 0.9108

Test accuracy: 0.9107999801635742
```

▲ 圖 11-19　訓練過程

訓練完模型後，會使用 model.save_model 將模型參數存下來，以提供給 TF-Serving 使用

```
tf.keras.models.save_model(
    model,
    export_path,
    include_optimizer=True)
```

接下來會安裝 TF-Serving 的套件，由於我們是於 Colab 實作，並非像一般實務上直接使用 docker 做使用。

```
!echo "deb http://storage.googleapis.com/tensorflow-serving-apt
stable tensorflow-model-server tensorflow-model-server-universal"
| tee /etc/apt/sources.list.d/tensorflow-serving.list && \
curl https://storage.googleapis.com/tensorflow-serving-apt/
tensorflow-serving.release.pub.gpg | apt-key add -

!apt update
!apt-get install tensorflow-model-server
```

最後就可以透過一行指令直接啟動 TF-Serving 並將模型輸入

```
%%bash --bg
nohup tensorflow_model_server \
 --rest_api_port=8501 \
 --model_name=fashion_model \
 --model_base_path="${MODEL_DIR}" >server.log 2>&1
```

透過 TF-Serving，可以將測試資料或者新資料輸入。並得到預測結果。

```
headers = {"content-type": "application/json"}

js_reponse = requests.post('http://localhost:8501/v1/models/
fashion_model:predict', data=data, headers=headers)
predict_nums = json.loads(js_reponse.text)['predictions']

show(rando, 'Model predict: {} (class {}), True: {} (class {})'
.format(class_types[np.argmax(predict_nums[0])], np.argmax
(predict_nums[0]), class_types[test_y[rando]], test_y[rando]))
```

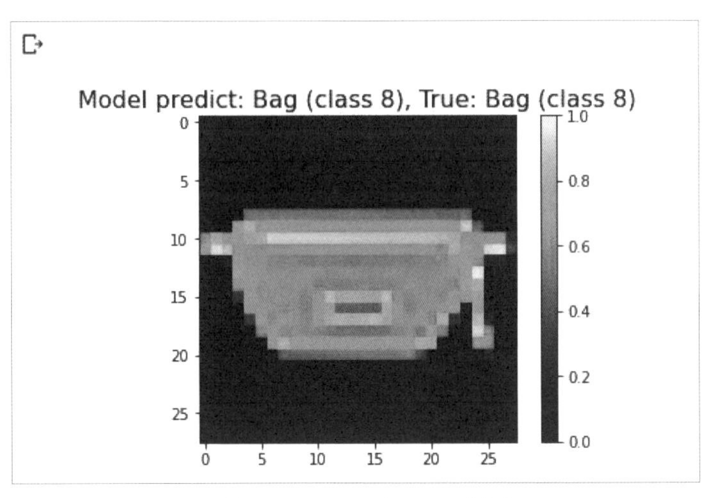

▲ 圖 11-20　TF-Serving 結果

11-5 總結

透過此章的說明，相信大家更能理解在如何進行模型視覺化、調校以及服務。身為一個 AI 工程師最重要的是模型調校。如何能將模型調整至可上線的狀態，所仰賴的就是調教模型的經驗。而經驗必須透過多個專案中的模型驗證指標的設計，以及參數調整的經驗累積，讓您在模型的上線速度加快。而此章節的學習能讓您少走冤枉路。此外在模型視覺化也是相當重要。在團隊會議上，您必須將參數視覺化並提出討論（例如：訓練過程的 loss 圖），對和老闆討論未來模型測試的方向討論是非常重要的。最後，在模型服務上，在多數大型公司裡，可能會有專門的後端工程師來協助您打造模型服務。若沒有，您也能透過章節學習入門的模型服務手法，打造完整的模型上線專案。

博碩文化

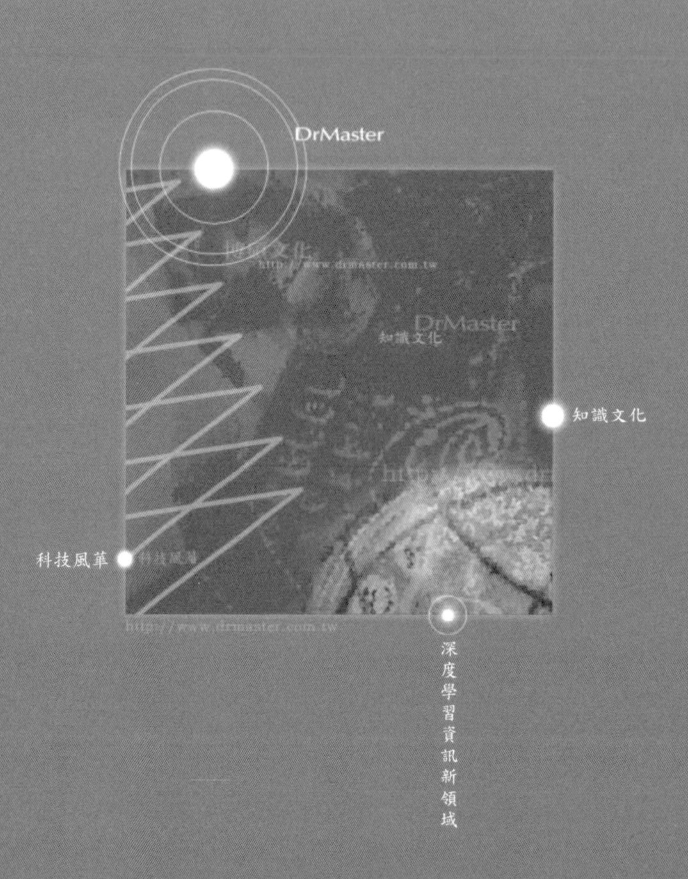
DrMaster
知識文化
科技風華
深度學習資訊新領域
http://www.drmaster.com.tw